数理情報学入門

—基礎知識からレポート作成まで—

須藤 秀紹
髙岡　 旭
半田 久志
福本　 誠
渡邉 真也

著

Introductory Textbook
on Mathematical Informatics

共立出版

まえがき

　工学系の大学生は学ぶべき内容が多いことから，たとえ個々の科目については
わかったつもりでいたとしても，それらを系統立てて立体的に理解することで
卒業研究などの研究活動に結びつけることはかならずしも容易ではありません．本書は，情報学を学ぶ大学生が知っておくべき内容を，数学の基本知識からレポート作成技術までを一冊にまとめることで，学生諸君の学習活動を手助けするように設計されました．

　第1章では，これから情報学を学ぶ上で必要となる基本的な数学の概念をまとめました．以降の章でも必要になるので，しっかりと理解してください．第2章では，実験計画や結果の分析，考察に必要な統計学の基本を学びます．工学系の演習や実験のレポート作成，卒業研究でも必要になる大切な知識です．第3章では，コンピュータを使った実験や演習で必要になるアルゴリズムの基本を学びます．また第4章では，アルゴリズムと数学的なモデルとの関係性の理解を深めるため，オートマトンの基本について学びます．第5章では，授業のレポート作成や学会発表に役立つ実験デザインのための基本的な考え方を解説しました．

　何れの章でも情報系学生にとって必修の内容を取り扱います．各章には演習問題を用意しました．理解の確認に利用してください．本書を手元において，学習・研究に活用してくれることを願っています．

2021年2月

著者一同

目　次

第 1 章　情報数学　　　　　　　　　　　　　　　　　　　　**1**

　1.1　集　合　・・・・・・・・・・・・・・・・・・・・・・・　1

　　1.1.1　集合の定義　・・・・・・・・・・・・・　1

　　1.1.2　集合演算とその性質　・・・・・・・・・　5

　1.2　論　理　・・・・・・・・・・・・・・・・・・・・　11

　　1.2.1　命　題　・・・・・・・・・・・・・・・　11

　　1.2.2　論理演算　・・・・・・・・・・・・・・　12

　1.3　写像と関係　・・・・・・・・・・・・・・・・・・　14

　　1.3.1　写　像　・・・・・・・・・・・・・・・　14

　　1.3.2　関　係　・・・・・・・・・・・・・・・　16

　1.4　帰納法　・・・・・・・・・・・・・・・・・・・・　19

　　1.4.1　数学的帰納法による証明　・・・・・・・　19

　　1.4.2　再帰的定義　・・・・・・・・・・・・・　20

　1.5　グラフ理論の初歩　・・・・・・・・・・・・・・・　23

　　1.5.1　グ ラ フ　・・・・・・・・・・・・・・　23

　　1.5.2　基本的な定義　・・・・・・・・・・・・　25

　　1.5.3　グラフと行列　・・・・・・・・・・・・　29

　　1.5.4　特別なグラフ　・・・・・・・・・・・・　31

　参考文献　・・・・・・・・・・・・・・・・・・・・・　32

第 2 章　統　計　　　　　　　　　　　　　　　　　　　　**33**

　2.1　記述統計　・・・・・・・・・・・・・・・・・・・　33

　　2.1.1　尺度水準　・・・・・・・・・・・・・・　33

　　2.1.2　データの記述　・・・・・・・・・・・・　36

　　2.1.3　グラフによる表現　・・・・・・・・・・　41

　2.2　確　率　・・・・・・・・・・・・・・・・・・・・　44

2.2.1 事象と確率 ・・・・・・・・・・・・・・ 44

2.2.2 期待値・分散 ・・・・・・・・・・・・・ 46

2.2.3 代表的な確率分布 ・・・・・・・・・・・ 46

2.3 推 定 ・・・・・・・・・・・・・・・・・・・ 50

2.3.1 標本分布 ・・・・・・・・・・・・・・・ 50

2.3.2 点 推 定 ・・・・・・・・・・・・・・・ 52

2.3.3 区間推定 ・・・・・・・・・・・・・・・ 54

2.4 検 定 ・・・・・・・・・・・・・・・・・・・ 56

2.4.1 基本的な考え方 ・・・・・・・・・・・・ 56

2.4.2 対応のない2群の平均の差の検定 ・・・・ 60

2.4.3 比率の差の検定 ・・・・・・・・・・・・ 63

参考文献 ・・・・・・・・・・・・・・・・・・・・・ 63

第3章 アルゴリズム 65

3.1 はじめに ・・・・・・・・・・・・・・・・・・ 65

3.2 アルゴリズムとは ・・・・・・・・・・・・・・ 66

3.2.1 アルゴリズムに求められる3要件 ・・・・ 67

3.2.2 アルゴリズムとプログラムの関係 ・・・・・ 68

3.2.3 アルゴリズムによる処理手順 ・・・・・・ 69

3.2.4 アルゴリズムにおける計算量 ・・・・・・ 71

3.2.5 計算量別にみた代表的なアルゴリズムにおけるO記法の代表的な例 ・・・・・・・・・・・・・・・ 75

3.3 データ構造 ・・・・・・・・・・・・・・・・・ 76

3.3.1 配 列 ・・・・・・・・・・・・・・・・・ 76

3.3.2 多次元配列 ・・・・・・・・・・・・・・・ 77

3.3.3 リ ス ト ・・・・・・・・・・・・・・・ 77

3.3.4 配列とリストの違い ・・・・・・・・・・ 79

3.3.5 リスト構造の種類 ・・・・・・・・・・・ 80

3.3.6 スタックとキュー ・・・・・・・・・・・ 81

3.3.7 ス タ ッ ク ・・・・・・・・・・・・・・ 81

3.3.8 キ ュ ー ・・・・・・・・・・・・・・・ 82

3.4	探　索 ・・・・・・・・・・・・・・・・・・・・・	83
	3.4.1　線形探索 ・・・・・・・・・・・・・・	84
	3.4.2　2分探索 ・・・・・・・・・・・・・・	86
	3.4.3　ハッシュ法 ・・・・・・・・・・・・・	88
3.5	再帰的アルゴリズム ・・・・・・・・・・・・・	92
	3.5.1　再帰の仕組み ・・・・・・・・・・・	92
	3.5.2　ユークリッド互除法 ・・・・・・・	94
	3.5.3　再帰の危険性 ・・・・・・・・・・・	96
3.6	ソートアルゴリズム ・・・・・・・・・・・・・	96
	3.6.1　挿入ソート ・・・・・・・・・・・・	97
	3.6.2　クイックソート ・・・・・・・・・	98
	3.6.3　ソートの安定性について ・・・・・	102
参考文献 ・・・・・・・・・・・・・・・・・・・・・		105

第4章　オートマトン		**107**
4.1	オートマトンの概要 ・・・・・・・・・・・・・	107
	4.1.1　基本的な考え方 ・・・・・・・・・	107
	4.1.2　モデルの抽象化 ・・・・・・・・・	109
4.2	形式言語 ・・・・・・・・・・・・・・・・・	110
	4.2.1　基本要素と演算 ・・・・・・・・・	110
	4.2.2　正規表現 ・・・・・・・・・・・・・	111
4.3	有限オートマトン ・・・・・・・・・・・・・	112
	4.3.1　決定性有限オートマトン ・・・・・	112
	4.3.2　状態推移図 ・・・・・・・・・・・・	115
	4.3.3　非決定性有限オートマトン ・・・・	115
	4.3.4　空動作をもつNFA ・・・・・・・・	117
	4.3.5　(ε-) NFA は DFA を超えない ・・・・	118
	4.3.6　有限オートマトンの最小化 ・・・・	121
4.4	プッシュダウンオートマトン ・・・・・・・	123
	4.4.1　有限オートマトンの限界 ・・・・・	123
	4.4.2　プッシュダウンオートマトン ・・・・	123

　　　4.4.3 決定性プッシュダウンオートマトン (DPDA) ・・ 124

　　　4.4.4 DPDA の動作 ・・・・・・・・・・・・・・・ 125

　　　4.4.5 DPDA の状態推移図 ・・・・・・・・・・・ 126

　　　4.4.6 非決定性プッシュダウンオートマトン (NPDA) ・ 128

　　　4.4.7 L(DPDA) ⊂ L(NPDA) ・・・・・・・・・ 130

　　　4.4.8 PDA の限界 ・・・・・・・・・・・・・・・ 131

　4.5 チューリング機械 ・・・・・・・・・・・・・・・ 132

　　　4.5.1 チューリング機械の概要 ・・・・・・・・・ 132

　　　4.5.2 TM の記述と動作 ・・・・・・・・・・・・ 134

　　　4.5.3 PDA ⊂ TM ・・・・・・・・・・・・・・・ 136

　　　4.5.4 非決定性チューリング機械 ・・・・・・・・ 137

　　　4.5.5 L(TM) $= L$(NTM) ・・・・・・・・・・ 140

　4.6 形式文法 ・・・・・・・・・・・・・・・・・・・ 141

　　　4.6.1 形式文法とは ・・・・・・・・・・・・・・ 141

　　　4.6.2 正規文法（3 型文法） ・・・・・・・・・・ 143

　　　4.6.3 文脈自由文法（2 型文法） ・・・・・・・・ 145

　　　4.6.4 句構造文法（0 型文法） ・・・・・・・・・ 149

　　　4.6.5 ま と め ・・・・・・・・・・・・・・・・ 149

　参考文献 ・・・・・・・・・・・・・・・・・・・・・ 150

第 5 章 実験デザイン **151**

　5.1 はじめに ・・・・・・・・・・・・・・・・・・・ 151

　　　5.1.1 実験デザインとは ・・・・・・・・・・・・ 151

　　　5.1.2 なぜ実験を行うのか ・・・・・・・・・・・ 152

　　　5.1.3 なぜ実験デザインが必要なのか ・・・・・・ 153

　5.2 実験の準備 ・・・・・・・・・・・・・・・・・・ 155

　　　5.2.1 計測後を見通した実験デザイン ・・・・・・ 155

　　　5.2.2 何を見通しておかなければならないのか ・・・ 155

　5.3 実験と仮説 ・・・・・・・・・・・・・・・・・・ 158

　　　5.3.1 先行研究の調査方法 ・・・・・・・・・・・ 158

　　　5.3.2 仮説とは ・・・・・・・・・・・・・・・・ 159

5.3.3　仮説を検証する実験　・・・・・・・・・・・・・　159
5.4　実験条件と統制　・・・・・・・・・・・・・・・・　160
　5.4.1　対照条件　・・・・・・・・・・・・・・・・・　160
　5.4.2　統　制　・・・・・・・・・・・・・・・・・・　161
　5.4.3　何を計測するか　・・・・・・・・・・・・・・　163
　5.4.4　被験者に対する心構え　・・・・・・・・・・・　165
　5.4.5　順序効果の防止　・・・・・・・・・・・・・・　166
5.5　実験デザインから見た検定　・・・・・・・・・・・　167
　5.5.1　実験と検定　・・・・・・・・・・・・・・・・　167
　5.5.2　検定の種類　・・・・・・・・・・・・・・・・　168
　5.5.3　ノンパラメトリック検定　・・・・・・・・・・　171
　5.5.4　パラメトリック検定　・・・・・・・・・・・・　176
　5.5.5　多重比較　・・・・・・・・・・・・・・・・・　176
　5.5.6　検定をあらかじめ選択しておくことの重要性　・・・　178
5.6　研究活動における倫理　・・・・・・・・・・・・・　179
　5.6.1　捏　造　・・・・・・・・・・・・・・・・・・　180
　5.6.2　捏造の防止と不正のトライアングル　・・・・・・　180
　5.6.3　研究の倫理　・・・・・・・・・・・・・・・・　182
5.7　実験結果に基づく報告，原稿のまとめ方　・・・・・・　183
　5.7.1　実験結果をもとに報告書を書こう　・・・・・・　183
　5.7.2　原稿執筆の進め方　・・・・・・・・・・・・・　186
5.8　全体的な演習問題　・・・・・・・・・・・・・・・　187
参考文献　・・・・・・・・・・・・・・・・・・・・・・　189
索　引　　　　　　　　　　　　　　　　　　　　　　**191**

第1章

情報数学

1.1 集 合

1.1.1 集合の定義

基本的定義　集合とは「もの」の集まりである．ただし，次の2つの要件を満たす必要がある．

要件1　集合に含まれる条件が明確であること．
要件2　同じ「もの」が複数個含まれないこと．

　ここで要件1が求める「条件が明確であること」がどういうことなのか，例で見てみよう．

例 1.1. ある大学 (M大) の学生の集まりを考える．ここで，「2020年9月1日時点のM大の大学院生の集まり」は集合である．ある人物がM大の大学院生であるかは学生名簿を見ればわかるので要件1を満たすし，学生名簿に同一人物が複数回現れることはないので要件2も満たすからである．
　これに対し，「M大の身長の高い学生の集まり」は集合ではない．「身長が高い」という条件に対する客観的な基準はないので，ある人物がその集まりに含まれるか含まれないかを明確に区別できないからである．

　集合は通常 $A, B, \ldots$ など英大文字で表される．集合に入っている「もの」のことを**要素**または**元**（げん）と呼び，通常 $a, b, \ldots$ など英小文字で表す．

ある「もの」aが集合Aの要素であるとき，aは集合Aに**属する**，aはAに**含まれる**，あるいはAはaを**含む**といい，

$$a \in A \text{ または } A \ni a$$

と書く．一方aが集合Aの要素でないとき，

$$a \notin A \text{ または } A \not\ni a$$

と書く．集合は，それに含まれる条件が明確でなければならないので，ある集合Aとある「もの」aを考えたときに，$a \in A$または$a \notin A$のどちらか一方のみが成り立つことに注意してほしい．

　数の集合のうち基本的なものは，固有の記号で表されることがある．例えば，自然数全体の集合，整数全体の集合，有理数全体の集合，実数全体の集合，はそれぞれ$\mathbf{N}$，$\mathbf{Z}$，$\mathbf{Q}$，$\mathbf{R}$と表されることが多い．本書でも以降，断りなくこれらの記号を用いる．また本書では，自然数は0を含む非負整数であると定義する．自然数を1以上の整数であると定義することも多いので注意してほしい．

集合の記法　個々の集合を表すための記法は2つある．1つは外延的記法であり，もう1つは内包的記法である．

　外延的記法は，集合を構成している要素を列挙して$\{\}$で囲むことで集合を表す方法である．例えば，1以上5以下の整数は

$$\{1, 2, 3, 4, 5\}$$

と記述できる．また "$\ldots$" を使って記述を省略してもよい．例えば，奇数の自然数の集合は

$$\{1, 3, 5, 7, \ldots\}$$

と記述できる．ただし "$\ldots$" を用いるときは，並んでいる要素から "$\ldots$" の部分が正しく類推できるようになっていなければならない．

　外延的記法において，要素を並べる順番には意味はないことに注意してほしい．例えば，$\{1, 2, 3, 4, 5\}$と$\{5, 4, 3, 2, 1\}$と$\{3, 2, 5, 1, 4\}$は同一の集合を

表している．また，同じ要素が複数回現れても 1 回とみなすため，例えば，$\{1, 2, 3, 4, 5\}$ と $\{1, 1, 2, 3, 4, 5\}$ は等しい[1]．

外延的記法は直観的でわかりやすいが，すべての要素を列挙できるか，または上記の例のように "$\ldots$" を正しく類推できるような集合にしか用いることができない．例えば，0 以上 1 以下の実数の集合は外延的記法で表そうとしてもうまくいかない．そのため，次に示す内包的記法が必要になる．

内包的記法は集合に属するための条件を記述することで集合を表す方法である．例えば，奇数の自然数の集合は内包的記法によって

$$\{n \mid n \in \mathbf{N}, n \text{ は奇数} \}$$

と記述できる．これは「$n \in \mathbf{N}$ である（つまり n は自然数である）という条件を満たし，かつ n は奇数であるという条件を満たすもの n の集合」を表している．内包的記法では，$\{\}$ 中の $\mid$ の右側に集合に属する要素が満たすべき条件を記述する．この例のように，要素が満たすべき条件が複数ある場合は通常「かつ」や「,」で区切って書き並べる．内包的記法を用いれば，先ほど挙げた 0 以上 1 以下の実数の集合を

$$\{x \mid x \in \mathbf{R}, 0 \leq x \leq 1\}$$

と記述できる．

集合の大きさ　集合 A に属する要素の数を**要素数**と呼ぶ．要素数が有限である集合を**有限集合**と呼ぶ．有限集合 A の要素数を $|A|$ と表す．例えば，$|\{1, 2, 3, 4, 5\}| = 5$ である．

要素数が無限である集合を**無限集合**と呼ぶ．$\mathbf{N}$ や $\mathbf{R}$ は代表的な無限集合である．無限集合については要素数を定義することはできない．無限集合の「大きさ」に相当するものは濃度と呼ばれるが，本書では省略する．

空集合　要素を 1 つも持たない集まりも集合とみなすことにする．これは**空集合**と呼ばれ，$\emptyset$ または $\{\}$ と表される．空集合を用いると，例えば，

---

[1]　なお，同じ要素がいくつも存在することを認めた集まりを考えることがあり，それを**多重集合**と呼ぶ．

$$\{x \mid x \in \mathbf{N}, x < 0\} = \emptyset$$

という記述ができる．空集合は

$$|\emptyset| = 0$$

なので，有限集合である．

部分集合　集合 A のすべての要素が集合 B の要素でもあるとき，すなわち任意の要素 a に対して

$$a \in A \text{ ならば } a \in B$$

が成り立つとき，A は B の**部分集合**であるといい，

$$A \subseteq B \text{ または } B \supseteq A$$

と書く．またこのとき，A は B に**包含される**，B は A を**包含する**ともいう．その否定は，

$$A \nsubseteq B \text{ または } B \nsupseteq A$$

と書く．空集合 $\emptyset$ はすべての集合の部分集合とみなす．すなわち任意の集合 A に対して

$$\emptyset \subseteq A$$

が成り立つ．

例 1.2. $A = \{1, 2\}$, $B = \{1, 2, 3\}$, $C = \{2, 3\}$ とする．このとき，$A \subseteq B$ であり，$A \nsubseteq C$ である．

　定義より部分集合に関して次の性質が導かれる．

定理 1.1（部分集合の性質）．

反射律　任意の集合 A に対し，$A \subseteq A$ である．

推移律　任意の集合 A, B, C に対し，$A \subseteq B$ かつ $B \subseteq C$ ならば $A \subseteq C$ である．

集合の同一性　集合 A と B に対して

$$A \subseteq B \text{ かつ } A \supseteq B$$

が成り立つとき，A と B は**等しい**と呼び，$A = B$ と書く．すなわち，集合 A と B が等しいとは，集合 A と B がまったく同じ要素から構成されていることを意味する．

例 1.3. 集合 A と B をそれぞれ $A = \{x \mid x \in \mathbf{R}, x^2 - x = 0\}$ と $B = \{n \mid n \in \mathbf{N}, n < 2\}$ とする．2つの集合は記述の仕方が異なるが，同じく 0 と 1 を要素とする集合なので，$A = B$ である．

真部分集合　集合 A と B に対して

$$A \subseteq B \text{ かつ } A \neq B$$

が成り立つとき，A は B の**真部分集合**であるといい，$A \subset B$，または $B \supset A$ と書く．

例 1.4. $A = \{1, 2\}$, $B = \{1, 2, 3\}$ とする．このとき，$A \subseteq B$ であり $A \neq B$ であるので，$A \subset B$ である．

　集合 A が B の部分集合であることを $A \subset B$ と表し，A が B の真部分集合であることを $A \subsetneq B$ と表す教科書も多いので注意してほしい．

1.1.2　集合演算とその性質

和　2つの集合 A と B が与えられたとき，A の要素と B の要素を併せた集合を**和集合**と呼び，$A \cup B$ と書く．内包的記法を用いて定義すれば

$$A \cup B = \{x \mid x \in A \text{ または } x \in B\}$$

である．和集合は結び，あるいは合併集合とも呼ばれる．

例 1.5. $A = \{1, 2\}$, $B = \{2, 3\}$ とすると $A \cup B = \{1, 2, 3\}$ である．

　空集合に関する次の性質は，和集合の定義より自明である．

定理 1.2 (和集合の性質 1). 任意の集合 A に対し, $A \cup \emptyset = \emptyset \cup A = A$ である.

和集合を得るという操作「$\cup$」は, 2つの集合から新たな集合を生成する演算とみなせる. この演算に対して, 次の法則が成り立つ.

定理 1.3 (和集合の性質 2).

ベキ等律 任意の集合 A に対し, $A \cup A = A$ である.

交換律 任意の集合 A, B に対し, $A \cup B = B \cup A$ である.

結合律 任意の集合 A, B, C に対し, $(A \cup B) \cup C = A \cup (B \cup C)$ である.

結合則が成り立つ演算では, 演算の順序にかかわらず結果は等しい. そのため, 演算の順序を表す括弧 $()$ を省略できる. したがって, $(A \cup B) \cup C$ や $A \cup (B \cup C)$ は単に $A \cup B \cup C$ と表記されることが多い. また2つの集合の和集合を一般化して, n 個の集合 $A_0, A_1, \ldots, A_{n-1}$ の和集合を $\bigcup_{i=0}^{n-1} A_i$ と書く. すなわち,

$$\bigcup_{i=0}^{n-1} A_i = A_0 \cup A_1 \cup \cdots \cup A_{n-1}$$

である.

積 2つの集合 A と B が与えられたとき, A と B の両方に属する要素の集合を**積集合**と呼び, $A \cap B$ と書く. 内包的記法を用いて定義すれば

$$A \cap B = \{a \mid a \in A \text{ かつ } a \in B\}$$

である. 積集合は交わり, あるいは共通部分とも呼ばれる.

例 1.6. $A = \{1, 2\}$, $B = \{2, 3\}$ とすると $A \cap B = \{2\}$ である.

一般に, $A \cap B \neq \emptyset$ であるとき, A と B は**交わる**といい, $A \cap B = \emptyset$ であるとき, A と B は**交わらない**, または**互いに素**という.

空集合に関する次の性質は, 積集合の定義より自明である.

定理 1.4 (積集合の性質 1). 任意の集合 A に対し, $A \cap \emptyset = \emptyset \cap A = \emptyset$ である.

　和集合の場合と同様に，積集合を得るという演算「∩」に対して，次の法則が成り立つ．

定理 1.5（積集合の性質 2）.

ベキ等律　任意の集合 A に対し，$A \cap A = A$ である．
交換律　任意の集合 A, B に対し，$A \cap B = B \cap A$ である．
結合律　任意の集合 A, B, C に対し，$(A \cap B) \cap C = A \cap (B \cap C)$ である．

　結合則が成り立つので，和集合の場合と同様に，$(A \cap B) \cap C$ や $A \cap (B \cap C)$ は単に $A \cap B \cap C$ と表記されることが多い．また n 個の集合 $A_0, A_1, \ldots, A_{n-1}$ の積集合を $\bigcap_{i=0}^{n-1} A_i$ と書く．すなわち，

$$\bigcap_{i=0}^{n-1} A_i = A_0 \cap A_1 \cap \cdots \cap A_{n-1}$$

である．

差　2つの集合 A と B が与えられたとき，A に属するが B に属さない要素の集合を**差集合**と呼び，$A \setminus B$ と書く[2]．内包的記法を用いて定義すれば

$$A \setminus B = \{a \mid a \in A \text{ かつ } a \notin B\}$$

である．

例 1.7. $A = \{1, 2\}$, $B = \{2, 3\}$ とすると $A \setminus B = \{1\}$ であり $B \setminus A = \{3\}$ である．

　例からわかるように，差集合を得る演算では交換律が成り立たない．

補　集合を扱うとき，前提となる全体の集合 U を決めておき，ある具体的な集合は U の部分集合であるとみなすのが普通である．この U を**全体集合**と呼ぶ．

---

[2] 集合 A と B の差集合を $A - B$ と書く教科書も多い．

　全体集合 U が与えられたとき，集合 A に属さない要素の集合を A の**補集合**と呼び，A^c で表す[3]．内包的記法を用いて定義すれば

$$A^c = \{x \mid a \in U \text{ かつ } a \notin A\}$$

である．

　補集合の定義より次の性質が成り立つ．

定理 1.6（補集合の性質）． 全体集合 U とその任意の部分集合 A に対し，

$$U^c = \emptyset,\ \emptyset^c = U,\ A \cup A^c = U,\ A \cap A^c = \emptyset,\ (A^c)^c = A$$

である．

分配律と吸収律，ド・モルガンの法則 　和集合と積集合の演算には分配律と吸収律が成り立つ．

定理 1.7（分配律）． 任意の集合 A, B, C に対し，

$$A \cup (B \cap C) = (A \cap B) \cup (A \cap C)$$
$$A \cap (B \cup C) = (A \cup B) \cap (A \cup C)$$

である．

定理 1.8（吸収律）． 任意の集合 A と B に対し，$A \cup (A \cap B) = A \cap (A \cup B) = A$ である．

　また和集合と積集合に対する補集合演算では次の**ド・モルガンの法則**が成り立つ．

定理 1.9（ド・モルガンの法則）． 任意の集合 A と B に対し，

$$(A \cup B)^c = A^c \cap B^c$$
$$(A \cap B)^c = A^c \cup B^c$$

である．

---

[3] 集合 A の補集合を $\overline{A}$ と書く教科書も多い．

Proof. 最初に $(A \cup B)^c = A^c \cap B^c$ を証明する．そのために，集合の同一性に基づき $(A \cup B)^c \subseteq A^c \cap B^c$ および $(A \cup B)^c \supseteq A^c \cap B^c$ を示す．

まず $(A \cup B)^c \subseteq A^c \cap B^c$ を示す．集合 $(A \cup B)^c$ の任意の要素 x は，$x \notin A \cup B$ であるので，$x \notin A$ かつ $x \notin B$ である．よって $x \in A^c$ かつ $x \in B^c$ であるので，$x \in A^c \cap B^c$ である．したがって，$(A \cup B)^c \subseteq A^c \cap B^c$ である．次に $(A \cup B)^c \supseteq A^c \cap B^c$ を示す．集合 $A^c \cap B^c$ の任意の要素 y は，$y \in A^c$ かつ $y \in B^c$ であるので，$x \notin A$ かつ $x \notin B$ である．よって $x \notin A \cup B$ であるので，$y \in (A \cup B)^c$ である．したがって，$(A \cup B)^c \supseteq A^c \cap B^c$ である．以上のことから，$(A \cup B)^c = A^c \cap B^c$ を得る．

最後に $(A \cap B)^c = A^c \cup B^c$ を示そう．上で得られた $(A \cup B)^c = A^c \cap B^c$ に対し，A に A^c を代入し，B に B^c を代入することで，$(A^c \cup B^c)^c = A \cap B$ を得る．両辺の補集合をとることで，$A^c \cup B^c = (A \cap B)^c$ を得る．　　□

べき　「集合の集合」すなわち要素がすべて集合であるような集合を一般に，**集合族**と呼ぶ．集合 A のすべての部分集合からなる集合族を，A の**べき集合**と呼び，2^A と書く．内包的記法を用いて定義すれば

$$2^A = \{B \mid B \subseteq A\}$$

である．

例 1.8. $A = \{1, 2, 3\}$ とすると

$$2^A = \{\emptyset, \{1\}, \{2\}, \{3\}, \{1,2\}, \{1,3\}, \{2,3\}, \{1,2,3\}\}$$

である．

集合 A が空集合 $\emptyset$ であるとき，その部分集合は自分自身だけであるので，

$$2^\emptyset = \{\emptyset\}$$

である．このとき，$\{\emptyset\} \neq \emptyset$ であることに注意してほしい．$\{\emptyset\}$ は空集合を要素とする集合であり，空集合ではない．

有限集合 A の要素数が n であるとき，$A = \{a_0, a_1, \ldots, a_{n-1}\}$ とすると，A の部分集合は a_0 を要素として持つか持たないかで 2 通りに分けられる．

各 $a_i\,(i = 0, 1, \ldots, n-1)$ について同様に考えると，A には 2^n 個の部分集合が存在することがわかる．そのため，任意の有限集合 A に対し，

$$|2^A| = 2^{|A|}$$

が成り立つ．

直和　2つの集合 A と B が互いに素である，すなわち $A \cap B = \emptyset$ であるとき，和集合 $A \cup B$ を A と B の**直和**と呼び，$A + B$ と書くことがある．直和 $A + B$ の要素数は A と B の要素数の和である，すなわち

$$|A + B| = |A| + |B|$$

である．

組と直積　集合とは別に，順序が定められた要素の集まりを考えることがあり，これを**組**と呼ぶ．組は要素を順序に従い列挙し () で囲むことで表す．例えば，最初に a_1，次に a_2，その次に a_3，$\ldots$ と並んでいる組を表すのに

$$(a_1, a_2, a_3, \ldots)$$

と書く．組の要素は**成分**と呼ばれ，それぞれの a_i は第 i 成分と呼ばれる．集合と異なり，組は同じ成分が複数回含まれてもよい．

　2つの成分からなる組は**順序対**とも呼ばれる．順序対は平面上の xy 座標を表すときよくに用いられる．平面上のある点の座標を (a, b) とするとき，a と b の順序に意味があることに注意してほしい．一般には $(a, b) \neq (b, a)$ であるので，a と b を入れ替えることはできない．

　なお，組のことを**列**と呼ぶこともある．また，組 $(a_1, a_2, a_3, \ldots)$ を表すのに，各成分を書き並べて $a_1 a_2 a_3 \ldots$ と書くこともある．

　集合 A と B に対し，A の要素 a と B の要素 b のすべての順序対 (a, b) の集合を A と B の**直積**といい，$A \times B$ と書く．内包的記法を用いて定義すれば

$$A \times B = \{(a, b) \mid a \in A, b \in B\}$$

である．定義から，A と B が有限集合であるとき，

$$|A \times B| = |A| \times |B|$$

であることがわかる．

例 **1.9.** $A = \{1, 2\}$, $B = \{x, y, z\}$ とすると,

$$A \times B = \{(1, x), (1, y), (1, z), (2, x), (2, y), (2, z)\},$$
$$B \times A = \{(x, 1), (x, 2), (y, 1), (y, 2), (z, 1), (z, 2)\}$$

である.

　集合 A, B, C に対し, $a \in A, b \in B, c \in C$ とすると, $((a, b), c) \neq (a, (b, c))$ なので, $(A \times B) \times C \neq A \times (B \times C)$ である. しかし, $((a, b), c)$ と $(a, (b, c))$ はどちらも a, b, c が順に並んでいるので, 区別せず (a, b, c) と同じものとみなすことがある. その場合, $(A \times B) \times C = A \times (B \times C)$ であり, 括弧を省略して $A \times B \times C$ と書く. これを一般化して n 個の集合 $A_1, A_2, \ldots, A_n$ の直積集合を

$$A_1 \times A_2 \times \ldots \times A_n = \{(a_1, a_2, \ldots, a_n) \mid a_i \in A_i, 1 \leq i \leq n\}$$

と定義することがある. とくに $A_1 = A_2 = \ldots = A_n = A$ であるとき.

$$A_1 \times A_2 \times \ldots \times A_n = A^n$$

と書くことがある.

包除原理　全体集合 U が有限であるとき, その任意の部分集合 A と B の要素数に対して,

$$|A \cup B| = |A| + |B| - |A \cap B|$$

が成り立つ. この関係を一般化したものは包除原理と呼ばれている.

1.2　論 理

1.2.1　命 題

　命題とは真か偽か明確に定まる主張である. ある主張が命題であるためには, 真か偽かどちらか一方が必ず成り立ち, 両方が同時に成り立つようなことがあってはならない.

　例えば, 「2020 年 9 月 1 日時点の M 大の大学院生は 30 人以上である」という主張は命題である. しかし, 「M 大には身長の高い学生が多い」という

主張は命題ではない.「身長が高い」「〜という学生が多い」という条件に対する客観的な基準はないので,主張の真偽が明確に定まらないからである.

また,「$3 + 4 = 7$である」という主張も,真であると明確に判断できるので,命題である.加えて「$3 + 4 = 1$である」という主張も命題である.こちらの方は偽であると明確に判断できる.

一方で,「$x^2 - 1 = 0$である」という主張は命題ではない.変数xの値によって,真偽が異なるからである.「任意のxに対し,$x^2 - 1 = 0$である」や「あるxに対し,$x^2 - 1 = 0$である」は真偽が明確に定まるので命題である.

ここで,「$x^2 - 1 = 0$である」という主張は,変数xの値が決まれば,その真偽が明確に定まることに注意してほしい.この主張のように,変数を持ち,変数に特定の値を代入すると真偽が明確に定まる主張を**述語**と呼ぶ.

命題を$P, Q, \ldots$など英大文字で表すことにする.命題の真偽を**真理値**と呼び,命題が真であることを**T**,偽であることを**F**と書く.例えば,命題Pが真であることを$P = \mathbf{T}$と書き,Pが偽であることを$P = \mathbf{F}$と書く.また,命題PとQの真理値が等しいことを$P = Q$と書く.

1.2.2 論理演算

2つの命題PとQを「または」で結合すると新たな命題が得られる.これをPとQの**論理和**と呼び,$P \lor Q$と書く.すなわち,$P = \mathbf{T}$または$Q = \mathbf{T}$であるとき,かつそのときに限り$P \lor Q = \mathbf{T}$である.論理和は *or*,あるいは**選言**とも呼ばれる.

2つの命題PとQを「かつ」で結合すると新たな命題が得られる.これをPとQの**論理積**と呼び,$P \land Q$と書く.すなわち,$P = \mathbf{T}$かつ$Q = \mathbf{T}$であるとき,かつそのときに限り$P \land Q = \mathbf{T}$である.論理積は *and*,あるいは**連言**とも呼ばれる.

命題Pの内容を否定する命題をPの**否定**と呼び,$\neg P$と書く.すなわち$P = \mathbf{T}$とき$\neg P = \mathbf{F}$であり,$P = \mathbf{F}$のとき$\neg P = \mathbf{T}$である.

命題PとQが与えられたとき,「PならばQ」という命題を考えることができる.これを**含意**,あるいは**条件付き命題**と呼び,$P \to Q$と書く.命題Pを**条件**,命題Qを**結論**と呼ぶこともある.$P = \mathbf{T}$であるとき,$Q = \mathbf{T}$ならば$P \to Q = \mathbf{T}$であり,$Q = \mathbf{F}$ならば$P \to Q = \mathbf{F}$である.注意してほ

しいのは，$P = \mathbf{F}$ であるとき，Q の真偽にかかわらず $P \to Q = \mathbf{T}$ であることである．

論理和では，P と Q の両方とも真であるときも $P \vee Q$ は真である．一方で，日常言語での「または」はどちらか一方のみであることが多い．このような「または」を使って得られる命題を P と Q の**排他的論理和**と呼び，$P \oplus Q$ と書く．排他的論理和は *xor* とも呼ばれる．

命題 P と Q が与えられたとき，「P ならば Q かつ Q ならば P」という命題を考えることができる．これを**同値**と呼び，$P \iff Q$ と書く．すなわち，$P = Q$ のとき，かつそのときに限り $P \iff Q = \mathbf{T}$ である．

命題 P と Q について，論理和 $\vee$，論理積 $\wedge$，含意 $\to$，排他的論理和 $\oplus$，同値 $\iff$ の真理値表を示す．

P	Q	$P \vee Q$	$P \wedge Q$	$P \to Q$	$P \oplus Q$	$P \iff Q$
$\mathbf{T}$	$\mathbf{T}$	$\mathbf{T}$	$\mathbf{T}$	$\mathbf{T}$	$\mathbf{F}$	$\mathbf{T}$
$\mathbf{T}$	$\mathbf{F}$	$\mathbf{T}$	$\mathbf{F}$	$\mathbf{F}$	$\mathbf{T}$	$\mathbf{F}$
$\mathbf{F}$	$\mathbf{T}$	$\mathbf{T}$	$\mathbf{F}$	$\mathbf{T}$	$\mathbf{T}$	$\mathbf{F}$
$\mathbf{F}$	$\mathbf{F}$	$\mathbf{F}$	$\mathbf{F}$	$\mathbf{T}$	$\mathbf{F}$	$\mathbf{T}$

複数の命題を $\vee, \wedge, \neg, \to, \oplus, \iff$ で結合した命題を**論理式**と呼ぶ．結合の順序は括弧を用いて表される．しかし，結合力は $\neg$ が最も強く，次いで $\vee$ と $\wedge$ が等しく，残りが最も弱いと決められているので，結合の順序が明らかなときは括弧が省略されることが多い．

命題 $P, Q, \ldots$ から構成される論理式を $\alpha(P, Q, \ldots)$ と書くことにすると，$\alpha(P, Q, \ldots)$ は，命題 $P, Q, \ldots$ の真理値によって真偽が決まる関数とみなせる．2つの論理式 $\alpha(P, Q, \ldots)$ と $\beta(P, Q, \ldots)$ は，$P, Q, \ldots$ の任意の真理値に対し，真偽が一致するとき，**同値である**といい，

$$\alpha(P, Q, \ldots) = \beta(P, Q, \ldots)$$

と書く．

論理演算には次のような性質がある．

定理 1.10（論理演算の性質）. 任意の命題 P, Q, R に対し, 以下のことが成り立つ.

1. $P \lor Q = Q \lor P,\ P \land Q = Q \land P,$
2. $P \lor (Q \lor R) = (P \lor Q) \lor R,\ P \land (Q \land R) = (P \land Q) \land R,$
3. $P \land (Q \lor R) = (P \lor Q) \land (P \lor R),\ P \lor (Q \land R) = (P \land Q) \lor (P \land R),$
4. $P \lor (P \land Q) = P,\ P \land (P \lor Q) = P,$
5. $P \lor P = P,\ P \land P = P,$
6. $\lnot\lnot P = P,$
7. $P \lor \lnot P = \mathbf{T},\ P \land \lnot P = \mathbf{F},$
8. $\lnot(P \lor Q) = \lnot P \land \lnot Q,\ \lnot(P \land Q) = \lnot P \lor \lnot Q.$

例として, $\lnot(P \lor Q) = \lnot P \land \lnot Q$ を証明してみよう. 論理式が同値であることを示すには, P と Q の真理値がどのようなものであったとしても, 左辺と右辺が等しいことを示せばよい. このことは, 次のように真理値表を用いて示すことができる.

P	Q	$P \lor Q$	$\lnot(P \lor Q)$	$\lnot P$	$\lnot Q$	$\lnot P \land \lnot Q$
T	T	T	F	F	F	F
T	F	T	F	F	T	F
F	T	T	F	T	F	F
F	F	F	T	T	T	T

1.3 写像と関係

1.3.1 写 像

集合 A の各要素に対して集合 B のある要素が対応しているとき, この対応を**写像**あるいは**関数**と呼ぶ. またこのとき集合 A を写像の**定義域**, 集合 B を**値域**と呼ぶ. 集合 A から B への写像 f を

$$f : A \to B$$

と書く. 要素 $a \in A$ に対して $b \in B$ が対応していることを

$$f : a \mapsto b$$

あるいは,

$$b = f(a)$$

と書く.

　$f(a)$ を a の**像**と呼ぶ. 集合 A の部分集合 A' に対して,

$$f(A') = \{f(a) \mid a \in A'\}$$

を A' の像と呼ぶ. 任意の部分集合 A' に対し $f(A') \subseteq B$ であることに注意してほしい.

　集合 A の任意の要素 a を自分自身に対応させる写像を, **恒等写像**と呼ぶ. A 上の恒等写像を i_A と書く. 定義により, 任意の要素 $a \in A$ に対し

$$i_A(a) = a$$

である.

　A, B, C を集合とする. 任意の写像 $f : A \to B$ と任意の写像 $g : B \to C$ に対し, 要素 $a \in A$ を $g(f(a)) \in C$ に対応させる A から C への写像を f と g の**合成写像**といい, $g \circ f$ と書く. 定義により

$$(g \circ f)(a) = g(f(a))$$

である.

　写像の合成には結合則が成り立つ. すなわち, 任意の写像 f, g, h に対して, 合成写像 $f \circ g$ と $g \circ h$ が定義できるとき,

$$f \circ (g \circ h) = (f \circ g) \circ h$$

である. そのため $f \circ (g \circ h)$ や $(f \circ g) \circ h$ は $f \circ g \circ h$ と書かれることが多い.

全射・単射・全単射　一般に, $f(A)$ と B が一致するとは限らない. これが $f(A) = B$ であるとき, f を**全射**, あるいは**上への写像**と呼ぶ. すなわち, 集合 B の任意の要素が A のある要素の像であるとき f を全射と呼ぶ.

一般に，A の異なる要素 a と a' に対して，$f(a) = f(a')$ となることがある．これが，任意の要素 $a, a' \in A$ に対して

$$a \neq a' \Longrightarrow f(a) \neq f(a')$$

であるとき，あるいは同じことであるが

$$f(a) = f(a') \Longrightarrow a = a'$$

であるとき，f を**単射**，あるいは**1 対 1 写像**と呼ぶ．

　写像 f が全射であり，かつ単射であるとき，f を**全単射**，あるいは**1 対 1 対応**と呼ぶ．$f : A \to B$ が全単射であるとき，任意の要素 $b \in B$ に対して，$b = f(a)$ となる要素 $a \in A$ が一意に定まる．そのため B から A の写像 $f^{-1} : B \to A$ が定義できる．この f^{-1} を f の**逆写像**と呼ぶ．

　写像 f と g がともに全射であるとき，合成写像 $g \circ f$ も全射である．また，f と g がともに単射であるとき，$g \circ f$ も単射である．よって f と g が全単射ならば，$g \circ f$ も全単射である．また，逆写像の定義から

$$f^{-1} \circ f = i_A, \quad f \circ f^{-1} = i_B$$

であることがわかる．

1.3.2 関　係

　集合 A と B に対して，直積 $A \times B$ の部分集合

$$R \subseteq A \times B$$

を A から B への**二項関係**と呼ぶ．要素 $a \in A$ が $b \in B$ と関係 R であることを，$(a, b) \in R$ で表している．$(a, b) \in R$ を aRb や $R(a, b)$ と書くこともある．

　数の大小関係は代表的な二項関係である．例えば，$A = \{1, 2\}$ と $B = \{2, 3\}$ に対し，「以下である」という関係 $\leq$ は

$$\leq = \{(1, 2), (1, 3), (2, 2), (2, 3)\} \subseteq A \times B$$

と定義できる．これを一般化して，整数や実数の大小関係が，$\mathbf{Z}^2$ や $\mathbf{R}^2$ の部分集合として定義できることに注意してほしい．

　二項関係を一般化して n 個の集合間の関係 R を定義できる（ただし，$n \geq 1$ とする）．n 個の集合 $A_1, A_2, \ldots, A_n$ の直積集合 $A_1 \times A_2 \times \ldots \times A_n$ の部分集合 R を $A_1, A_2, \ldots, A_n$ の間に定義される関係と呼ぶ．n 個の集合の間に定義される関係は n 項関係と呼ばれる．ただし，単に関係といった場合は通常，二項関係を意味する．

　前節で扱った写像は，特別な関係であると考えることができる．すなわち，集合 A から B への関係 R は任意の要素 $a \in A$ に対して，$(a, b) \in R$ となる $b \in B$ がただ1つに決まるとき，写像と呼ばれる．

　A, B, C を集合とし，R を A から B への関係，S を B から C への関係とする．$(a, b) \in R$ かつ $(b, c) \in S$ となる要素 $b \in B$ が存在するような順序対 (a, c) の集合を R と S の**合成関係**と呼び，$R \circ S$ と書く．すなわち，

$$\left\{ R \circ S = \{(a, c) \in A \times C \;\middle|\; \begin{array}{l} (a, b) \in R \text{ かつ } (b, c) \in S \text{ である} \\ b \in B \text{ が存在する} \end{array} \right\}$$

である．

　関係の合成には結合則が成り立つ．すなわち，任意の関係 R, S, T に対して，合成関係 $R \circ S$ と $S \circ T$ が定義できるとき，

$$R \circ (S \circ T) = (R \circ S) \circ T$$

である．そのため $R \circ (S \circ T)$ や $(R \circ S) \circ T$ は $R \circ S \circ T$ と書かれることが多い．

　集合 A から A への関係を A 上の関係と呼ぶ．A 上の関係 R に対し，次のような特別な性質が定義されている．

－ 任意の要素 $a \in A$ に対し $(a, a) \in R$ であるとき，R は**反射律**を満たすという．
－ 任意の要素 $a, b \in A$ に対し $(a, b) \in R$ ならば $(b, a) \in R$ であるとき，R は**対称律**を満たすという．
－ 任意の要素 $a, b, c \in A$ に対し $(a, b) \in R$ かつ $(b, c) \in R$ ならば $(a, c) \in R$ であるとき，R は**推移律**を満たすという．
－ 任意の要素 $a, b \in A$ に対し $(a, b) \in R$ かつ $(b, a) \in R$ ならば $a = b$ であるとき，R は**反対称律**を満たすという．

集合上の関係は，反射律，対称律，推移律を満たすとき，**同値関係**と呼ばれる．同値関係は「等しい」という関係＝の一般化である．実際，集合 A 上の「等しい」という関係は $R = \{(a, a) \mid a \in A\} \subseteq A^2$ と定義されるが，これは明らかに反射律，対称律，推移律を満たす．関係＝の一般化であるため，同値関係はよく $\equiv$ と表記される．

R が集合 A 上の同値関係であるとき，任意の要素 $a \in A$ に対して a と同値である要素の集合を**同値類**と呼び，$[a]_R$ と書く．すなわち，

$$[a]_R = \{b \in A \mid (a, b) \in R\}$$

である．同値類について次のことが成り立つ．

定理 1.11（同値類の性質）．R を集合 A 上の同値関係とする．

1. 任意の要素 $a \in A$ に対し，$a \in [a]_R$ である．
2. 任意の要素 $a, b \in A$ に対し，$(a, b) \in R \iff [a]_R = [b]_R$ である．
3. 任意の要素 $a, b \in A$ に対し，$[a]_R \neq [b]_R$ ならば $[a]_R \cap [b]_R = \emptyset$ である．

Proof. 同値関係 R は反射律を満たすので，$a \in [a]_R$ である．

$[a]_R = [b]_R$ であるならば，$b \in [b]_R = [a]_R$ より，$(a, b) \in R$ である．逆に，$(a, b) \in R$ であると仮定する．定義より，任意の要素 $x \in [a]_R$ に対し，$(a, x) \in R$ である．R は対称律を満たすので，$(x, a) \in R$ である．R は推移律を満たすので，$(x, a) \in R$ かつ $(a, b) \in R$ より $(x, b) \in R$ である．R は対称律を満たすので，$(b, x) \in R$ である．したがって，$x \in [b]_R$ である．以上のことから，$[a]_R \subseteq [b]_R$ であることがわかる．同様に $[a]_R \supseteq [b]_R$ を示せるので，$[a]_R = [b]_R$ である．

$[a]_R \neq [b]_R$ ならば，$(a, b) \notin R$ である．$[a]_R \cap [b]_R \neq \emptyset$ と仮定すると，$c \in [a]_R \cap [b]_R$ となる要素 c が存在する．定義より，$(a, c), (b, c) \in R$ である．R は対称律を満たすので，$(a, c), (c, b) \in R$ である．また R は推移律を満たすので，$(a, c), (c, b) \in R$ より $(a, b) \in R$ であるが，これは矛盾である． $\square$

定理から，R が集合 A 上の同値関係であるとき，A は同値類によって分割されることがわかる．すなわち，異なる同値類 $[a_1]_R, [a_2]_R, \ldots, [a_n]_R$ が存

在し，

- $A = \displaystyle\bigcup_{k=1}^{n} [a_k]_R$ かつ
- 任意の異なる a_i と a_j に対して $[a_i]_R \neq [a_j]_R$

である．

演習 1.1. f と g を任意の写像とし，合成写像 $g \circ f$ が定義できるとする．以下の命題を証明せよ．

1. 写像 f と g がともに全射であるとき，合成写像 $g \circ f$ も全射である．
2. 写像 f と g がともに単射であるとき，合成写像 $g \circ f$ も単射である．

演習 1.2. 整数の集合 $\mathbf{Z}$ と正の整数 n を考える．整数 $x, y \in \mathbf{Z}$ は，x を n で割った余りと y を n で割った余りが等しいとき，n を法として**合同**であるといい，$x \equiv y \pmod{n}$ と書く．この関係が $\mathbf{Z}$ の同値関係であることを証明せよ．

演習 1.3. 集合上の関係は，反射律，反対称律，推移律を満たすとき，**半順序関係**と呼ばれる．A を任意の集合とする．べき集合 2^A 上の包含関係 $\subseteq$ は半順序関係であることを証明せよ．

1.4 　帰 納 法

1.4.1 　数学的帰納法による証明

　自然数 n に関する命題 $P(n)$ があるとき，それが任意の自然数 n に対して成り立つことを証明したいとする．個々の命題 $P(0), P(1), P(2), \ldots$ を，すべて個別に証明するわけにはいかない．**数学的帰納法**はこのような，任意の自然数 n に対して命題 $P(n)$ が成り立つことを証明するための方法である．数学的帰納法による証明は次の 2 つの段階から構成される．

1. 初期段階：$P(0)$ が成り立つことを示す．
2. 帰納段階：任意の自然数 n に対して，「$P(n)$ が成り立つと仮定すると

$P(n+1)$ が成り立つ」ことを示す.

初期段階で $P(0)$ が成り立つことがわかると,帰納段階により $P(1)$ が成り立つことがわかり,さらに帰納段階により $P(2)$ が成り立つことがわかり,というようにして任意の自然数 n に対して $P(n)$ が成り立つことが証明される.

　上記の証明法のバリエーションとして,初期段階を「ある自然数 m に対して $P(m)$ が成り立つことを示す」に置き換えるものもある.この場合,m 以上の任意の自然数 n に対して $P(n)$ が成り立つことが示される.

　数学的帰納法による証明の例として,奇数の和に関する公式を証明しよう.

例 1.10. 1 以上の任意の自然数 n に対して

$$\sum_{k=1}^{n} (2k-1) = 1 + 3 + 5 + \cdots + (2n-1) = n^2$$

が成り立つ.

Proof. 「$\displaystyle\sum_{k=1}^{n} (2k-1) = n^2$ である」という命題を $P(n)$ とする.

1. 初期段階：$\displaystyle\sum_{k=1}^{1} (2k-1) = 1 = 1^2$ であるので,$P(1)$ は成り立つ.

2. 帰納段階：ある自然数 n に対して $P(n)$ が成り立つと仮定する.すなわち $\displaystyle\sum_{k=1}^{n} (2k-1) = n^2$ であると仮定する.

$$\sum_{k=1}^{n+1} (2k-1) = \sum_{k=1}^{n} (2k-1) + (2(n+1)-1) = n^2 + (2n+1) = (n+1)^2$$

　　であるので,$P(n+1)$ が成り立つ.

したがって,任意の自然数 n に対して $P(n)$ が成り立つ.　　　　　　□

1.4.2　再帰的定義

　関数や集合を定義するのに帰納法の考えを使うことができる.これを**再帰**

的定義と呼ぶ[4]．いくつか例を挙げて説明しよう．

例 1.11（**階乗の再帰的定義**）．自然数 n の階乗 $n!$ は次のように定義される．

$$0! = 1,$$
$$n! = n \times (n-1) \times \ldots \times 1.$$

階乗は自然数の集合 **N** から **N** への $n \mapsto n!$ という関数とみなせることに注意してほしい．

$n \geq 1$ のとき，$n!$ は $(n-1)!$ を使って $n! = n \times (n-1)!$ と定義できる．これを使って階乗を次のように再帰的に定義できる．

1. 初期段階：$n = 0$ のとき $n! = 1$ とする．
2. 帰納段階：$n \geq 1$ のとき $n! = n \times (n-1)!$ とする．

例 1.12（フィボナッチ数列）．フィボナッチ数列は，

$$0, 1, 1, 2, 3, 5, 8, 13, 21, 34, \ldots$$

というように，最初 0 と 1 からはじめ，次の数を前 2 つの和として順次生成した数列である．フィボナッチ数列は，各要素を $f_0, f_1, f_2, \ldots$ とすると，

$$f_n = \begin{cases} 0, & n = 0 \\ 1, & n = 1 \\ f_{n-1} + f_{n-2}, & n \geq 2 \end{cases}$$

と再帰的に定義される．式中の $n = 0, 1$ の場合が初期段階であり，$n \geq 2$ の場合が帰納段階である．階乗の場合と同様に，フィボナッチ数列は **N** から **N** への $n \mapsto f_n$ という関数とみなせることに注意してほしい．この関数をフィボナッチ関数と呼ぶ．

再帰的に定義できるものは関数だけに限らない．次の例のように集合を再帰的に定義することができる．

---

[4] 帰納的定義とも呼ばれる．

例 1.13（記号列の再帰的定義）. Σ を任意の有限集合とし，その要素を記号と呼ぶことにする．Σ 上の記号列とは，記号を重複を許して有限個並べた列である．例えば $\Sigma = \{a, b\}$ とするとき，a, aa, ab, bab などが Σ 上の記号列である．

　記号列に含まれる要素の数をその列の長さと呼ぶ．長さ 0 の列は空列と呼ばれ，ϵ で表される．長さ n の記号列全体の集合を Σ^n とする．すなわち，

$$\Sigma^n = \{w \mid w = x_0 x_1 \cdots x_{n-1}, x_i \in \Sigma\}$$

である．記号列の集合 Σ^n は，n 個の Σ の直積と等しいことに注意してほしい．Σ 上の記号列全体の集合を Σ^* とする．すなわち，

$$\Sigma^* = \bigcup_{i \geq 0} \Sigma^i$$

である．

　記号列の集合 Σ^* は次のように再帰的に定義できる．記号 $x \in \Sigma$ を記号列 $w \in \Sigma^*$ に左から付け加えて得られる記号列を xw とする．

1. 初期段階：空列 ϵ を Σ^* の要素とする.
2. 帰納段階：任意の記号 $x \in \Sigma$ と任意の記号列 $w \in \Sigma^*$ に対し，xw を Σ^* の要素とする.

演習 1.4. 例 1.11 に示されている階乗 $n!$ の定義が一致することを，n に関する数学的帰納法を用いて証明せよ.

演習 1.5. フィボナッチ数列の一般項 f_n は

$$f_n = \frac{1}{\sqrt{5}} \left(\left(\frac{1+\sqrt{5}}{2} \right)^n - \left(\frac{1-\sqrt{5}}{2} \right)^n \right)$$

である．このことを n に関する数学的帰納法を用いて証明せよ.

演習 1.6. $\Sigma = \{a, b\}$ とする．S を Σ 上の記号列で有限個（0 個でもよい）の a の後に有限個（0 個でもよい）の b が続くもの全体の集合とする．集合 S を再帰的に定義せよ.

1.5　グラフ理論の初歩

1.5.1　グ ラ フ

グラフという用語は，棒グラフや折れ線グラフ，あるいは関数のグラフなどにも使われる．しかし情報数学において，グラフは，図 1.1 のような，いくつかの点と，2 点を結ぶ線から構成されるもののことを指す．

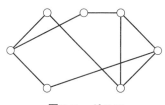

図 1.1　*グラフ*

点のことを**頂点**または**接点**，あるいは単に**点**と呼ぶ．線のことを**辺**または**枝**と呼ぶ．本節では頂点と辺を使用する．

グラフ G の頂点全体の集合を G の**頂点集合**と呼び，辺全体の集合を G の**辺集合**と呼ぶ．頂点集合と辺集合が有限集合であるグラフを**有限グラフ**と呼び，そうでないグラフを**無限グラフ**と呼ぶ．

2 点を結ぶ辺が複数あるとき，それらを**並列辺**または**多重辺**と呼ぶ（図 1.2 の左図を参照）．同じ頂点を結ぶ辺を**ループ**と呼ぶ．並列辺やループを持たないグラフを**単純グラフ**と呼び，並列辺やループを持つグラフを**多重グラフ**と呼ぶ．

辺に向きを持たせたグラフを考えることがある．向きを持つ辺を**有向辺**と呼び，通常，矢印で描画する（図 1.2 の右図を参照）．すべての辺が有向辺であるグラフを**有向グラフ**と呼ぶ．それに対し，向きを持たない辺を**無向辺**と呼び，すべての辺が無向辺であるグラフを**無向グラフ**と呼ぶ．例えば図 1.1 は無向グラフである．

本節では，とくに断らない限り，グラフとは有限単純無向グラフを指すものとし，多重グラフや有向グラフを扱う場合はその都度明記する．

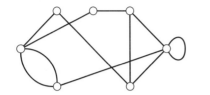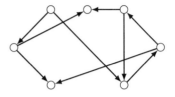

図 **1.2** 多重グラフと有向グラフ

グラフは，全体が繋がっていなくても 1 つのグラフとみなしてよい．例えば，図 1.3 のグラフは 3 つの繋がった部分に分けられるが，1 つのグラフとみなすことができる．このとき「繋がった部分」を**連結成分**と呼ぶ．図 1.3 のような全体が繋がっていないグラフを**非連結グラフ**と呼ぶ．それに対し，図 1.1 のような全体が繋がったグラフを**連結グラフ**と呼ぶ．

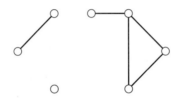

図 **1.3** 非連結グラフ

グラフは平面上に描画されることが多いが，グラフの描画とグラフ自身は別物であることに注意してほしい．グラフにおいては頂点が辺で結ばれているかいないのかが重要であり，描画の仕方を問題としない．例えば，図 1.4 の 2 つのグラフは，見た目は異なるが同じグラフである．というのも，両者とも 4 点からなり，どの 2 点も辺で結ばれているからである．このような 2 つのグラフは**同型**であるという．

連結と同型の正確な定義は次節で述べる．

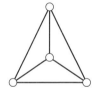

図1.4 2つの同型なグラフ

1.5.2 基本的な定義

グラフ 前節ではグラフの直観的な定義を説明した．本節ではまずグラフの数学的な定義を述べる．

　ある空でない有限集合 V を頂点集合と呼び，その要素を頂点とする．2頂点（V の2要素）からなる集合を辺と呼び，その集合族を辺集合と呼び，E と書く．グラフ G とは，頂点集合 V と辺集合 E の組 (V, E) のことである[5]．これを明示するため通常，$G = (V, E)$ と書く．

　頂点は v_0, v_1 など v に添え字を付けて表現されることが多いが，a, b など英小文字や数字で表現されることもある．頂点 u と v を結ぶ辺は本来 $\{u, v\}$ と表現すべきであるが，本節では慣例に従って (u, v) と表す．辺は名前で記述されることもあり，辺 e が頂点 u と v を結んでいるとき，これを明示するために $e = (u, v)$ と書くこともある．

　グラフ G に対して，その頂点集合を $V(G)$，辺集合を $E(G)$ と書くことがある．頂点 v や辺 e がグラフ G に含まれていることを，それぞれ $v \in V(G)$，$e \in E(G)$ と書く．要素数 $|V(G)|$ と $|E(G)|$ をそれぞれ**頂点数**，**辺数**と呼ぶ．

　辺 e が頂点 u と v を結んでいるとき，e は u と v に**接続している**という．また，u と v は辺 e の**端点**であるという．頂点 u と v が辺で結ばれているとき，u と v は**隣接している**という．

　有向グラフの場合，辺をとくに**有向辺**あるいは**弧**と呼ぶ．頂点 u から v へ向き付けされた辺を (u, v) と表す．無向グラフの場合は $(u, v) = (v, u)$ で

---

[5] このように定義できるのは，単純グラフだけであることに注意してほしい．並列辺やループは2頂点の集合では表せないからである．

あったが，有向グラフの場合は (u, v) と (v, u) が異なる有向辺を表すことに
注意してほしい．辺 e が u から v への有向辺であるとき，u を e の**始点**，v
を e の**終点**と呼ぶ．上でグラフを $G = (V, E)$ と表すといったが，有向グラ
フの場合は $D = (V, A)$ と表すことが多い．この場合，D は Directed graph
の，A は Arc の頭文字を取っている．

次数 グラフ G において頂点 v に接続する辺の数を v の**次数**と呼び，$d_G(v)$
と書く．グラフ G が文脈から明らかなときは $d(v)$ と書くことがある．次数
0 の頂点は**孤立点**と呼ばれる．

　有向グラフ D の場合，頂点 v を始点とする辺の数，すなわち v から出る辺
の数を**出次数**（でじすう）と呼び，$d_D^+(v)$ と書く．一方で，v を終点とする
辺の数，すなわち v へ入る辺の数を**入次数**（いりじすう）と呼び，$d_D^-(v)$ と
書く．入次数と出次数の合計を v の次数と呼び，$d_D(v)$ と書く．すなわち，
$d_D(v) = d_D^+(v) + d_D^-(v)$ である．有向グラフの場合も，D が文脈から明ら
かなときは添え字の D を省略することがある．

同型 グラフ G_1 と G_2 は，任意の頂点 $u, v \in V(G_1)$ に対し，

$$(u, v) \in E(G_1) \iff (f(u), f(v)) \in E(G_2)$$

であるような全単射 $f : V(G_1) \to V(G_2)$ が存在するとき，**同型**であるとい
う．また，そのような f を**同型写像**と呼ぶ．

　例えば，図 1.5 の左のグラフを G_1，右のグラフを G_2 をしたとき，$V(G_1)$
から $V(G_2)$ への写像 f を

$$f(a) = x, f(b) = u, f(c) = y, f(d) = v, f(e) = z, f(f) = w$$

と定義する．写像 f は全単射であり，任意の 2 点 $u, v \in V(G_1)$ に対し，
$(u, v) \in E(G_1) \iff (f(u), f(v)) \in E(G_2)$ が成り立つので，G_1 と G_2 は
同型である．

　このように，隣接関係を保存する頂点集合の間の写像が存在すれば，頂点
や辺の名前の付け方やグラフの描画の仕方が異なるとしても，2 つのグラフ
は同じものとみなして，同型と呼ぶのである．

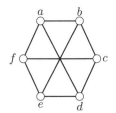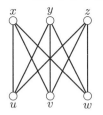

図1.5 グラフ G_1 と G_2

部分グラフ グラフ G_1 と G_2 で，$V(G_1) \supseteq V(G_2)$ かつ $E(G_1) \supseteq E(G_2)$ であるとき，G_2 は G_1 の**部分グラフ**であるという．とくに，G_1 と G_2 が異なるとき，G_2 は G_1 の**真部分グラフ**であるといい，また $V(G_1) = V(G_2)$ であるとき，G_2 は G_1 の**全域部分グラフ**であるという．

　グラフ G と空でない集合 $V' \subseteq V(G)$ に対して，辺の集合 $E' \subseteq E(G)$ を $E' = \{(u,v) \in E \mid u \in V', v \in V'\}$ と定義する．すなわち，E' は両端点とも V' に含まれる辺の集合である．このとき，G の部分グラフ $G' = (V', E')$ を V' で誘導される G の**誘導部分グラフ**であるといい，$G[V']$ と書く．

　部分グラフに関連して，頂点や辺の除去という操作について述べる．グラフ $G = (V, E)$ から辺 $e \in E$ を除去するには，e を E から取り除くだけでよい．結果，$G' = (V, E \setminus \{e\})$ というグラフを得る．一方で，$G = (V, E)$ から頂点 $v \in V$ を除去するには，v を V から取り除くだけでなく，v に接続するすべての辺を E から取り除かなくてはならない．グラフ G の部分グラフとは G から頂点や辺を除去して得られるグラフであり，誘導部分グラフとは G から頂点のみ除去して得られるグラフであると考えることもできる．

ウォーク，トレイル，パス，閉路 グラフ G の**ウォーク**とは，頂点から始まり頂点で終わり，頂点と辺を交互に繰り返す列

$$W = (v_0, e_1, v_1, e_2, \ldots, e_k, v_k)$$

であり，任意の $i\,(1 \leq i \leq k)$ に対して $e_i = (v_{i-1}, v_i)$ であるものをいう．このとき，W を v_0 から v_k へのウォーク，v_0 と v_k を結ぶウォーク，あるいは (v_0, v_k) ウォークと呼ぶ．また，v_0 を W の始点と呼び，v_k を W の終点と呼ぶ．W に含まれる辺の数，すなわち k を W の長さと呼ぶ．

　トレイルとは同じ辺を含まないウォークである. ただし, 同じ頂点を複数個含んでよい. また, 同じ頂点を含まないウォークを**パス**, あるいは**路**と呼ぶ. ただし, $v_0 = v_k$ であってもよいとする. 同じ頂点を含まなければ, 同じ辺を含まないので, 任意のパスはトレイルである.

　長さが 1 以上のウォークは, $v_0 = v_k$ であるとき**閉ウォーク**であるという. 同じ辺を含まない閉ウォークを**閉トレイル**と呼び, 同じ頂点を含まない閉ウォークを**閉路**, あるいは**サイクル**と呼ぶ. パスとトレイルの関係と同様に, 閉路は閉トレイルである.

　グラフのウォークとパスには次のような関係がある.

定理 1.12. グラフ G の任意の 2 点 u と v に対して, (u, v) ウォークが存在するならば, その長さ以下の (u, v) パスが存在する.

Proof. グラフ G の最短の (u, v) ウォークを W とする. W がパスでないと仮定すると, W に 2 回以上含まれる頂点 w が存在する. w が現れてから次に現れる直前までの W の部分列を W から取り除いて得られる列を W' とおく. W' は (u, v) ウォークであり, W より短い. これは W が最短の (u, v) ウォークであることに反する. よって W はパスである.   □

　単純グラフでは, 頂点の列 $(v_0, v_1, \ldots, v_k)$ や辺の列 $(e_1, e_2, \ldots, e_k)$ を用いてウォークを表すことがある. ウォークであるための条件 $e_i = (v_{i-1}, v_i)(1 \leq i \leq k)$ により, 頂点の列あるいは辺の列からウォークが一意に定まるからである. 同様に, トレイル, パス, 閉ウォーク, 閉トレイル, あるいは閉路も頂点の列や辺の列で表すことがある.

　一般に, グラフ G の 2 点 u と v を結ぶパスは, 存在しないかもしれないし, 複数存在するかもしれない. G の (u, v) パスの中で長さが最小のパスを G の**最短 (u, v) パス**と呼ぶ. また, その長さを u と v の**距離**といい, $d_G(u, v)$ と表す. (u, v) パスが存在しない場合, $d_G(u, v) = \infty$ と定義する. また $u = v$ の場合, 長さ 0 の (u, v) パスが存在するため, $d_G(u, v) = 0$ である.

　グラフ G の 2 点 u と v は, G に (u, v) パスが存在するとき, 連結しているという. グラフ G は, 任意の 2 点が連結しているとき**連結**であるといい, そうでないとき**非連結**であるという. グラフ G の極大な連結誘導部分グラフ

のことを G の**連結成分**と呼ぶ. すなわち, G' が G の連結成分であるとは, $V(G) \setminus V(G')$ のどの頂点を $V(G')$ に加えても, それが誘導する部分グラフが非連結であることを指す.

1.5.3 グラフと行列

コンピュータでグラフを扱うには, まずグラフをコンピュータに格納するデータ構造が必要である. ここでは, そのためによく用いられるグラフの行列表現を 2 つ紹介する[6].

グラフ G の頂点と辺をそれぞれ

$$V(G) = \{v_1, v_2, \ldots, v_n\}, E(G) = \{e_1, e_2, \ldots, e_m\}$$

とする. $|V(G)| = n$, $|E(G)| = m$ であることに注意してほしい.

グラフ G の**隣接行列** $A(G)$ は,

$$a_{i,j} = \begin{cases} 1 & (v_i, v_j) \in E(G) \\ 0 & (v_i, v_j) \notin E(G) \end{cases}$$

を満たす $n \times n$ 行列である. ただし, $a_{i,j}$ は $A(G)$ の (i, j) 成分とする. すなわち, v_i と v_j が隣接しているとき $A(G)$ の (i, j) 成分が 1, そうでないときは 0 である. 定義から, $A(G)$ は対称行列であることと, 任意の i に対して第 i 行の成分の和と第 i 列の成分の和はともに $d_G(v_i)$ に等しいことがわかる.

グラフ G の**接続行列** $B(G)$ は,

$$b_{i,j} = \begin{cases} 1 & v_i \in e_j \\ 0 & v_i \notin e_j \end{cases}$$

を満たす $n \times m$ 行列である. ただし, $b_{i,j}$ は $B(G)$ の (i, j) 成分とする. すなわち, v_i が e_j に接続しているとき $B(G)$ の (i, j) 成分が 1, そうでないときは 0 である. 定義から, 任意の i に対して $\sum_{j=1}^{m} b_{i,j} = d_G(v_i)$ であることと, 任意の j に対して $\sum_{i=1}^{n} b_{i,j} = 2$ であることがわかる.

グラフの接続行列から次のことが示される.

---

[6] 他にも隣接リストが代表的なデータ構造である.

定理 1.13. 任意のグラフ G に対して，

$$\sum_{v \in V(G)} d_G(v) = 2|E(G)|$$

である．すなわち，次数の総和は辺数の 2 倍に等しい．

Proof. 頂点 v の次数 $d_G(v)$ は接続行列 $B(G)$ の v に対応する行の成分の和に等しい．よって，$\sum_{v \in V(G)} d_G(v)$ は $B(G)$ の全成分の和に等しい．一方で，$B(G)$ の任意の列の和は 2 なので，$2|E(G)|$ も $B(G)$ の全成分の和に等しい．よって，$\sum_{v \in V(G)} d_G(v) = 2|E(G)|$ である． $\square$

グラフの隣接行列の性質の 1 つとして，次の定理を紹介する．

定理 1.14. 任意のグラフ G に対し，$A(G)^n$ の (i, j) 成分は，長さ n の異なる (v_i, v_j) ウォークの数に等しい．

Proof. n に関する帰納法で示す．「$A(G)^n$ の (i, j) 成分は，長さ n の異なる (v_i, v_j) ウォークの数に等しい」という命題を $P(n)$ とする．

1. 初期段階：隣接行列 $A(G)$ の定義により $P(1)$ が成り立つ．
2. 帰納段階：ある自然数 n に対して $P(n)$ が成り立つと仮定する．すなわち，$A(G)^n$ の (i, j) 成分は，長さ n の異なる (v_i, v_j) ウォークの数に等しいと仮定する．以下に $P(n+1)$ が成り立つことを示す．$A(G)$ の (i, j) 成分を $a_{i,j}$ とおき，$A(G)^n$ の (i, j) 成分を $s_{i,j}$ とおく．$A(G)^{n+1}$ の (i, j) 成分を $t_{i,j}$ とおくと，$A(G)^{n+1} = A(G)^n \times A(G)$ であるので，$t_{i,j} = \sum_{k=1}^{n} s_{i,k} a_{k,j}$ である．長さ n の (v_i, v_j) ウォークの集合を $\mathcal{W}_{i,j}^n$ とする．長さ $n+1$ の任意の (v_i, v_j) ウォークは，長さ n の (v_i, v_k) ウォークと辺 (v_k, v_j) に分割できるので，$|\mathcal{W}_{i,j}^{n+1}| = \sum_{(v_k, v_j) \in E(G)} |\mathcal{W}_{i,k}^n|$ である．仮定より $s_{i,j} = |\mathcal{W}_{i,j}^n|$ であるので，

$$|\mathcal{W}_{i,j}^{n+1}| = \sum_{(v_k, v_j) \in E(G)} |\mathcal{W}_{i,k}^n|$$

$$= \sum_{(v_k, v_j) \in E(G)} s_{i,k}$$

$$= \sum_{k=1}^{n} s_{i,k} a_{k,j} = t_{i,j}$$

である．よって，$P(n+1)$ が成り立つ．

したがって，任意の n に対し，$A(G)^n$ の (i,j) 成分は，長さ n の異なる (v_i, v_j) ウォークの数に等しい． □

1.5.4 特別なグラフ

完全グラフ　任意の 2 点が辺で結ばれているグラフを**完全グラフ**と呼ぶ．n 頂点からなる完全グラフは 1 つしか存在しないので，通常，K_n と書かれる．一方で，任意の 2 点間に辺が存在しない，すなわちすべての頂点が孤立しているグラフを空グラフと呼ぶことがある．

正則グラフ　各頂点の次数が等しいグラフを**正則グラフ**と呼ぶ．とくに，各頂点の次数が k であるグラフを k-**正則グラフ**と呼ぶ．例えば，K_n は $(n-1)$-正則グラフである．

2 部グラフ　グラフ G の頂点集合 $V(G)$ を互いに素な集合 X と Y に分割し，X の頂点同士を結ぶ辺や Y の頂点同士を結ぶ辺がないようにできるとき，G を 2 部グラフと呼ぶ．言い換えると，グラフ G のすべての辺が X の頂点と Y の頂点を結ぶように $V(G)$ を分割できるとき，G を 2 部グラフと呼ぶ．

　X の各頂点と Y の各頂点とが辺で結ばれている 2 部グラフを**完全 2 部グラフ**と呼ぶ．$|X| = p$ であり $|Y| = q$ であるとき，完全 2 部グラフを $K_{p,q}$ と書く．

木　閉路を含まない連結なグラフを**木**と呼ぶ．閉路を含まない（連結でなくともよい）グラフを**森**と呼ぶ．

オイラーグラフ　グラフのすべての辺をちょうど 1 回ずつ通るトレイルを**オイラートレイル**と呼ぶ．グラフにオイラートレイルが存在するということは，そのグラフが一筆書きできることを意味している．

閉じたオイラートレイルを**オイラー閉トレイル**と呼び，オイラー閉トレイルが存在するグラフをオイラーグラフと呼ぶ．オイラーグラフは一筆書きで始点に戻るように描けるグラフである．なお，閉路は同じ頂点を複数回通ってはならないという定義に矛盾するが，オイラー閉トレイルのことをオイラー閉路と呼ぶことがある．

証明は省略するが，オイラーグラフに関して以下の定理が知られている．

定理 1.15. 連結グラフ G がオイラーグラフであるための必要十分条件は，G のすべての頂点の次数が偶数であることである．

定理 1.16. 連結グラフ G にオイラートレイルが存在するための必要十分条件は，G に次数が奇数の頂点が高々2つしか存在しないことである．

演習 1.7. 以下のグラフの辺数を求めよ．

1. K_n
2. n 頂点 k 正則グラフ
3. $K_{p,q}$
4. n 頂点からなる木

参考文献

[1]　小倉 久和：『はじめての離散数学』，近代科学社
[2]　佐藤 泰介，高橋 篤司，伊東 利哉，上野 修一：『情報基礎数学』，オーム社
[3]　M. アービブ，A. クフォーリ，R. モル：『計算機科学入門』，サイエンス社
[4]　宮崎 修一：『グラフ理論入門: 基本とアルゴリズム』，森北出版
[5]　上野 修一，高橋 篤司：『情報とアルゴリズム』，森北出版

第2章

統　計

2.1　記述統計

　実験や調査で得られたデータに対して，統計的手法やグラフなどを使って情報を提示・可視化することを**記述統計**という．データの種類が多いときや，たくさんのデータがあったときに，それがどのように分布しているかが直観的にわからなくなることがある．記述統計により大まかな傾向を掴み，データの性質を知ることができ，後の節で紹介する推定や検定でのモデル選択に役立つだけでなく，報告書や論文で読者に得られた結果を効果的に示すことができる．

2.1.1　尺度水準

　尺度水準とは，データ分類の基準を表している．尺度水準はデータをいくつかのカテゴリに分類する名義尺度，カテゴリ間に順序や大小関係が存在する順序尺度，加減算が可能な一定の間隔ごとに定義された数値として定義される間隔尺度，そして，四則演算が可能な数値として表現される比例尺度の4つに分類される．尺度水準に応じて，適用可能な統計手法が異なるため，得られたデータの特性から，適切な尺度水準を判別する必要がある．

名義尺度

　名義尺度では，各データはいくつかのカテゴリのうちのいずれかに属す

る．カテゴリの種類を表す情報のことを**ラベル**と呼ぶ．生徒にまつわるデータで名義尺度の例をあげる：

- 血液型（A, B, O, AB）
- 所属する組（1組，2組，...）
- 住所（○○町，△△町，□□町）
- 部活動（野球部，サッカー部，...，無所属）

血液型やクラスといった，箇条書きの項目の最初に書かれた単語がカテゴリの名称を表している．そして，ラベルとは，括弧の中に列挙した A，B などの情報を指す．学生はいずれかの組に属しており，同時に複数の組に属していることは考えない．また，住所についても，学校を限定すれば，生徒はいずれかの町に住んでいるということになる．所属する組とは違い，住所については，人数が均等ではないが，それは問題としない．部活動については，兼部はないものとするが，その他や無所属というカテゴリを追加することにより，生徒はいずれかのカテゴリに所属することになる．

　計算機の内部表現として，例えば，所属する組に対して，$1, 2, 3, 4$ という数字を割り当てるかもしれない．仮にラベルの表現として数字が用いられていたとしても，演算ができないことに留意する必要がある．例えば，平均をとって，出席者の平均は 2.3 組であったというような計算が意味をなさないのが，この名義尺度の特性である．一方，ラベルの種類が 2 種類の場合，例えば，あるテストの合格者・不合格者に対して，それぞれ，$1, 0$ というラベルを与えたとする．この場合，平均は意味を持ち，平均値は合格率と等しくなる．

順序尺度

　順序尺度は，名義尺度のラベル間に大小関係や優劣関係がある尺度水準である．順序尺度の例をあげる：

- 科目成績順位（1位，2位，...）
- 定性的なアンケート項目（満足している，やや満足，...）
- 成績評価（A, B, C）

これらの例では，ラベル間に優劣関係があることがわかる．順位尺度でも演算を行うことができない．例えば，数学が2位で，英語が25位だから，平均して，13.5位であるという議論は意味をなさない．順序尺度においては，ラベルの優劣性を考慮した検定手法が用いられる．

間隔尺度

間隔尺度とは，順序尺度に加えて，ラベル間の間隔が一定であるものである．ゼロとなる点が相対的な意味合いしかないため，加減算はできるが乗除算はできない．例えば，温度は10度から20度になっても2倍熱くはならない．温度の他に西暦などの暦も間隔尺度の1つということができる．

アンケートや審査の項目で，順序尺度であった「満足している」などのラベルの代わりに点数をつけさせることがある．点数の付け方が，その数字を意識したものであるならば，間隔尺度として，すなわち，平均点などの計算を許容するものとして取り扱うことができる．全体の分布を考慮して，「満点の5点は全体の1割である」というように採点者に制約を課すことによりばらつきをなくすようにしていることが多い．大学の成績評価法 (GPA) も機械的に「秀は4点」としているように見えるかもしれないが，77点くらいが平均となる正規分布であると仮定して，全体の10%や5%くらいを秀にするように要請されていることが多い．これは，GPA計算時の加算を意味あるものにするためである．

比率尺度

比率尺度とは，間隔尺度に加えて，原点となる点が絶対的な意味を持つものであり，四則演算が可能となる尺度水準である．前小節の温度も，絶対温度で表記していれば，数値が2倍になったとき，2倍熱くなるので，この比率尺度となる．比率尺度は，比例尺度や比尺度と表現されることがある．

質的データ・量的データ

名義尺度や順序尺度のことを**質的データ**と表現することがある．また，間隔尺度や比率尺度のことを**量的データ**ということもある．

質的データは記号や文字列を含む離散的な表現が用いられる．量的データ

は離散・連続のいずれかの数値が用いられる.

2.1.2 データの記述

実験の結果,様々な種類のデータが得られる.複数の実験方法によって,それぞれ,データが得られるときに,比較を行う必要がある.本小節では,この比較を行うために必要となる,データの傾向を捉えるための方法について述べる.

度数分布

データが名義尺度であった場合,それぞれのラベルが出現する回数を**度数**といい,ラベルとその度数を表形式でまとめたものを**度数分布表**という.表2.1は,1から6のいずれかの数字が書かれた20面体のサイコロを100回振ったときの度数分布表を表している[1].サイコロを振ってみて,サイコロの目に書かれている1から6までのラベルの出現頻度を記している.

表2.1 1から6のいずれかの数字が書かれた20面体のサイコロを100回振ったときの度数分布表の例

ラベル	1	2	3	4	5	6
度数	15	42	23	12	3	5

間隔尺度や比率尺度のように数値でデータが表現される場合,一定の区間を定義し,区間ごとの頻度をとる.この区間のことを**階級**といい,区間の上限と下限のちょうど中間にあたる値を**階級値**という.表2.2は体重の度数分布表となる.

表2.2 階級を用いた度数分布表の例

身長	140 以上 150 未満	150 以上 160 未満	160 以上 170 未満	170 以上 180 未満	180 以上 190 未満
度数	12	32	23	12	3

---

[1] 本小節では本質ではないが,この20面体に書かれた1から6の数字の分布は知らずに振っているものとする.

演習 2.1. 次の尺度を答えよ.

1. 職業（1.会社員, 2.自営業, 3.農業, 4.その他）
2. 血圧
3. 成績評価（秀, 優, 良, 可, 不可）
4. 学籍番号
5. 自動車の走行速度
6. 生まれた年（西暦）

代 表 値

　複数の種類のデータが存在するときに, それぞれのデータの代表となる値を算出して比較することによって, 議論が簡潔に行えることがある. この代表となる値のことを**代表値**といい, 以下のものがよく使われる.

平均値　データの個数を n, データを $X = \{x_1, \ldots, x_n\}$ としたとき, 平均値は以下の式で計算される:

$$\bar{X} = \frac{1}{n}\sum_{i=1}^{n} x_i$$

表2.1の場合, 平均値は $\bar{X} = (1.15 + 2.42 + 3.23 + 4.12 + 5.3 + 6.5)/100 = 2.61$ となる.

中央値　中央値は以下の式で表される.

$$M_X = \begin{cases} x_{\frac{n+1}{2}} & n \text{ が奇数のとき} \\ \dfrac{x_{\frac{n}{2}} + x_{\frac{n}{2}+1}}{2} & n \text{ が偶数のとき} \end{cases}$$

サイコロの目をスゴロクで用いる場合, 表2.1のラベルの数字は間隔尺度の数字とみなすことができる. この場合, 加算計算が意味をなし, 表2.1の中央値は $(x_{50} + x_{51})/2 = 2$ となる. 平均年収の話題でよく議論に上がるが, データの分布に偏りがある場合, つまり, 平均年収のように負の値をとる人は存在しないが, 少ない割合で高収入な人が存在する場合, 平均値が実際の感覚より高い数字となることがある. このような場合, 代表値として中央値を用いることが多い. 中央値のことを**メジアン**と呼ぶこともある.

最頻値 最頻値とは，度数分布表で，度数の最も高いラベルや階級値を指す．
表2.1の最頻値は2となる．最頻値のことを**モード**と呼ぶこともある．

演習 2.2. データが93, 78, 75, 72, 68のときの，平均値と中央値を求めよ．

散 布 度

表2.3の度数分布表も表2.1と同じ平均値をとる．しかしながら，表2.3
の方が1や6が出やすく，こちらのサイコロを使ってスゴロクをすると，逆
転が多いゲームとなることが予想される．

表2.3 表2.1とは異なる20面体のサイコロを100回振ったときの度数分布表の例

ラベル	1	2	3	4	5	6
度数	52	13	3	5	8	19

散布度とは，代表値のまわりにどれくらい値が散らばっているかを示すも
のである．

分散・標準偏差 分散は以下の式で計算される：

$$s^2 = \frac{1}{n}\sum_{i=1}^{n}(x_i - \bar{X})^2 \tag{2.1}$$

$$= \frac{1}{n}\sum_{i=1}^{n}x_i^2 \ - \bar{X}^2 \tag{2.2}$$

表2.1の分散は1.55で，表2.3の分散は4.13となる．s^2の平方根sを**標
準偏差**という．式(2.1)からわかるように，分散とは平均値からの外れ
$(x_i - \bar{X})^2$を平均化したものである．また，式(2.2)より，もとのデー
タに対して，分散は2乗された大きさとなっている．標準偏差sを用い
ることにより，もとのデータと同じ大きさの散布度となる．

四分位偏差 データを並び替えたとき，全体の1/4に位置する点(第1四分
位点)をQ_1，全体の3/4に位置する点(第3四分位点)をQ_3とする．こ
のとき，**四分位偏差** Qは以下の式で計算される：

$$Q = Q_3 - Q_1$$

表 2.1 の四分位偏差は 1 で，表 2.3 の四分位偏差は 5 となる．四分位偏差は，代表値における中央値と同様に，データの中に極端な外れ値があっても影響を受けにくい．四分位偏差のことを**四分位範囲**と呼ぶこともある．

演習 2.3. データが 93, 78, 75, 72, 68 のときの，分散，標準偏差，四分位偏差を求めよ．

相　関

各個人について，2 種類のデータが得られたとする．この 2 種類のデータの関連性を調べることを考える．ある科目の中間テストと期末テストの点数を表 2.4 に示す．中間試験は 20 点満点で，期末試験は 32 点満点である．

表 2.4　ある科目の中間テストと期末テストの点数

ID	中間テスト	期末テスト
001	4.0	11.7
002	3.9	18.1
003	15.9	25.3
004	8.7	10.0
⋮	⋮	⋮

図 2.1(a) は表 2.4 の散布図である．グラフ中の各点は，それぞれの学生の中間テスト（x 軸）と期末テスト（y 軸）の点数を表している．中間テストが良好な学生は，概ね，期末テストの点数が良いことがわかる．このように片方のデータが増加するともう一方のデータが増加する傾向にある場合，**正の相関**を持つという．

中間テスト，期末テストのデータを X, Y としたときの**ピアソン (Pearson) の相関係数** r は次式で計算できる：

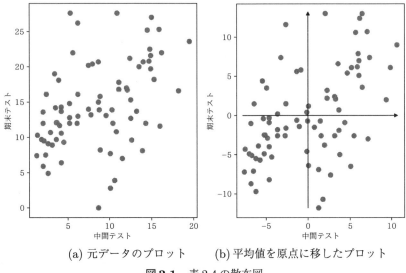

(a) 元データのプロット　　(b) 平均値を原点に移したプロット

図 2.1　表 2.4 の散布図

$$r = \frac{\sum_{i=1}^{n}(x_i - \bar{X})(y_i - \bar{Y})}{\sqrt{\sum_{i=1}^{n}(x_i - \bar{X})^2}\sqrt{\sum_{i}^{n}(y_i - \bar{Y})^2}}$$

これは平均値を用いて原点を移動したデータ $(x_i - \bar{X})$ と $(y_i - \bar{Y})$ を掛け合わせて，移動後のデータが第 1，第 3 象限にあるときに正の値を，第 2，第 4 象限にあるときに，負の値をとるようにしたものである．移動後のデータを図 2.1(b) に示す．第 1 象限のデータというのは片方の値が平均値より大きいときにもう一方の値も平均値より大きいことを意味している．一方，第 2 象限のデータは片方の値が平均値より小さいときに，もう一方の値は平均値より大きいことを意味している．つまり，逆の動きをする傾向を示している．

　順序尺度のデータに対しては，**スピアマン (Spearman) の順位相関係数** rs を用いることができる．データ X, Y の各データの順位を r_i, s_i としたとき，次式で表現される．

$$rs = 1 - \frac{6\sum_{i}^{n}(r_i - s_i)^2}{n^3 - n}$$

演習 2.4. データが下の表で示されるときの，ピアソンの相関係数とスピア

マンの順位相関係数を求めよ.

ID	01	02	03	04	05
データ X	93	78	75	72	68
データ Y	20	54	48	32	70

2.1.3　グラフによる表現

グラフの描画方法

図 2.2 に図 2.1 を描画するための Python 言語のソースコードを示す. 1,
2 行目でライブラリをインポートしている. pandas, matplotlib がライブラ
リ名で, あらかじめインストールしておく必要がある. 5 行目はデータファ
イルを読み込んでいる. CSV ファイル score.csv は, 表 2.4 と同じ内容が書
かれている. 8, 9 行目はグラフの書式を設定している. 8 行目でグラフの大
きさを指定し, 9 行目で x 軸と y 軸の説明をしている. 12 行目からグラフを
描写している. この例では, 散布図を描画している. data[' 中間テスト']
は表 2.4 にあるように, CSV ファイルの先頭行に書かれた情報を書くことで
列を指定している.

```
01:   import pandas as pd  # ライブラリのインポート
02:   import matplotlib.pyplot as plt
03:
04:   # CSVファイルの読み込み
05:   data = pd.read_csv('score.csv',encoding = 'UTF8')
06:
07:   # グラフの書式設定
08:   fig=plt.figure(figsize=(4,5))
09:   fig.add_subplot(111,xlabel='中間テスト', ylabel='期末テスト')
10:
11:   # グラフの描写
12:   plt.scatter(data['中間テスト'],data['期末テスト'])
13:
14:   # グラフの表示
15:   plt.show()
```

図 2.2　図 2.1 を描画するためのソースコード

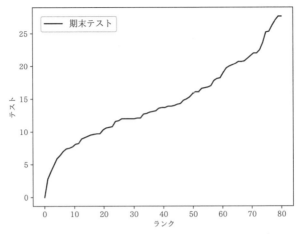

図 2.3　表 2.4 の順位を x 軸，点数を y 軸とした折れ線グラフ

折れ線グラフ

　表 2.4 のデータは，ID と各テストの点数に関連性はない．つまり，ID の若い人が成績が優秀であるというような関係はない．そこで，点数で順位をつけ，順位を x 軸，テストの点数を y 軸として描画したグラフを図 2.3 に示す．傾きがなだらかなところの点数帯で人数が密集していることがわかる．グラフに書かれた曲線を積分することにより，その学年の出来がわかる．

ヒストグラム

　図 2.4 は，表 2.4 のヒストグラムを表す．点数帯の人数がわかりやすいグラフになっている．

箱 髭 図

　図 2.5 は，表 2.4 の箱髭図を表す．グラフの上下にある横線は，データの最小値，最大値を示している．箱の下辺，上辺は第 1 四分位，第 3 四分位を示しており，箱の中に書かれた横線はメジアンを示している．複数のデータを比較しやすくなっている．

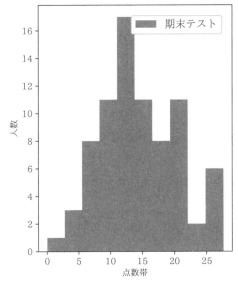

図 **2.4** 表 2.4 のヒストグラム

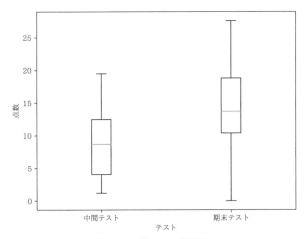

図 **2.5** 表 2.4 の箱髭図

演習 **2.5.** 表 2.4 のようなデータを用意して，図 2.2 のソースコードを打ち込み，散布図を書いてみよ．また，ソースコードを改変して，折れ線グラフ，

ヒストグラム，箱髭図も書いてみること．

2.2 確 率

2.2.1 事象と確率

試行とは偶然に左右される結果を生じる実験のことである．また，試行の結果，生じうるすべての結果の集合を**全事象** Ω といい，Ω の部分集合を**事象**という．Ω の大きさを n，事象 A の大きさを k としたとき，事象 A の起こる（算術的）**確率** $P(A)$ は次式で表現される：

$$P(A) = \frac{k}{n}$$

前節の 20 面体のサイコロの例を再び考える．20 面のうち，1 が 3 面に，2 が 8 面，3 が 4 面，4 が 2 面，5 が 2 面，6 が 1 面に書かれているものとする．このサイコロを 1 回振ったとき，各数字が出る確率は表 2.5 となる．通常の

表 2.5 1 から 6 のいずれかの数字が書かれた 20 面体のサイコロで各数字が出る確率

X	1	2	3	4	5	6
p	$\frac{3}{20}$	$\frac{2}{5}$	$\frac{1}{5}$	$\frac{1}{10}$	$\frac{1}{10}$	$\frac{1}{20}$

1 から 6 までの数字が書かれた立方体のサイコロならば，1 回振ったときに各数字が出る確率は，すべて等しく 1/6 となる．上の 20 面体のサイコロの場合，各数字が書かれている面数が異なるので，各数字が出る確率が異なる．また事象 A として「3 以下の数字が出る」ということも考えられ，この場合，$P(A) = 3/4$ となる．

表 2.5 の X のように，サイコロを振ることによって値が決まり，値ごとに確率が定められている変数のことを**確率変数**という．確率変数の値に応じて定められた確率の分布のことを**確率分布**といい，確率変数から確率への写像を f で表すと次式になる：

$$P(X = x_i) = f(x_i)$$

20面体のサイコロの場合，各面に書かれた数字の面数が変わると，確率分布が変わることになる．これによって全事象の集合 Ω が同一であっても，サイコロに書かれた数字の分布（面数）に応じて，各面の数字が出る確率 $P(X = x_i)$ を定義することができる．確率変数が連続の値をとりうるとき，f を**確率密度分布関数**という．

「3以下の数字が出る」というように，いくつかの数字をまとめて表現する方法があり，**分布関数 F** を用いて表現する．確率変数が離散の値をとる場合，

$$F(x) = P(X \le x) = \sum_{X' \le x} f(X')$$

と表現され，連続の値をとる場合，

$$F(x) = P(X \le x) = \int_{-\infty}^{x} f(X)dX$$

となる．表2.5の20面体のサイコロの確率分布 f と分布関数 F のグラフを図2.6に示す．分布関数の最大値は1である．これは，全事象 Ω の確率を足し合わせると1となることによる．また，分布関数は単調に増加している．これは，各事象 A の確率が $P(A) \ge 0$ であるからである．この関数の逆関数

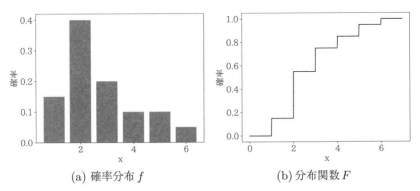

(a) 確率分布 f 　　　　　　(b) 分布関数 F

図2.6 表2.5の20面体のサイコロの確率分布 f と分布関数 F

が定義できれば，$[0,1)$ の一様乱数から分布関数に従った確率で事象を発生できることができる．これは，連続の場合の分布関数についても同じことがいえる．

2.2.2 期待値・分散

確率変数 X の**期待値** $E(X)$ は，確率変数 X が離散型の変数であった場合，

$$E(X) = \sum_i x_i \cdot P(X = x_i)$$

となる．確率変数 X が連続型の変数であった場合，

$$E(X) = \int_{-\infty}^{\infty} X f(X) dX$$

となる．

確率変数 X の**分散** $V(X)$ は $V(X) = E(\{X - E(X)\}^2)$ である．μ を確率変数 X の期待値 $E(X)$ であるとする．確率変数 X が離散型の変数であった場合，

$$V(X) = \sum_i (x_i - \mu)^2 \cdot P(X = x_i)$$

となり，連続型の変数であった場合，

$$V(X) = \int_{-\infty}^{\infty} (X - \mu)^2 f(X) dX$$

である．

分散 $V(X)$ は，$V(X) = E(X^2) - [E(x)]^2$ という性質を持つ．

演習 2.6. 表2.5の期待値と分散を求めよ．

2.2.3 代表的な確率分布

二項分布

コイントスのように，コインを投げて表と裏の2通りの結果がでる試行を考える．試行を1回行い，ある事象 A が起こる確率を p とする．試行を n 回行ったとき，x 回，その事象が起こる確率は

$$P(X = x) = {}_n\mathrm{C}_x p^x (1 - p)^{n-x}$$

である．このような分布を**二項分布**という．図 2.7 のように，n が十分，大きいとき，二項分布は正規分布で近似される（ラプラスの定理）．

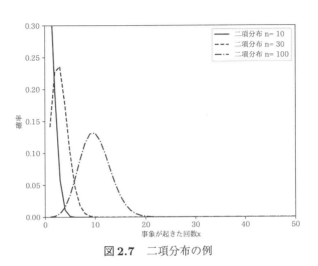

図 2.7 二項分布の例

二項分布の平均 μ は np で，分散 σ^2 は $np(1-p)$ となる．

演習 2.7. あるコインは形状が歪んでおり，表の出る確率が 0.65 であった．このコインを 200 回投げたときの表が出る期待値と分散を求めよ．

ポアソン分布

深夜のコンビニなどで，単位時間当たりの平均来客者数を λ としたとき，ある単位時間で k 人の来客がある確率は**ポアソン分布**に従う．

$$P(X=k) = \frac{\lambda^k e^{-\lambda}}{k!}$$

ここで，e は自然対数の底である．

二項分布の n が十分に大きく，p が非常に小さい場合，二項分布 $B(n,p)$ はポアソン分布で近似できる．このときの λ は np となる．

ポアソン分布の平均 μ および分散 σ^2 は λ である．

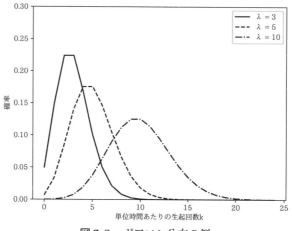

図 2.8 ポアソン分布の例

正規分布

正規分布は以下の性質を持つ確率分布である.

- データが平均値を中心に左右に対称に分布している
- 平均値の付近に多くのデータがあり,平均値から離れるほど少なくなる

図 2.9 のように釣鐘状の形をしている.計測などの結果として生ずる偶然誤差として,誤差が発生する確率に正規分布を用いることが多い.次小節の推定でも同様に,何かしらもっともらしい値を推定したときに,推定値から外れる可能性は外れ幅が大きくなるにつれて,その確率は小さくなる.

平均 μ,分散 σ^2 の正規分布 $N(\mu, \sigma^2)$ の確率密度分布関数 $f(x)$ は次式で表現される:

$$f(x) = \frac{1}{\sqrt{2\pi}\sigma} e^{-\frac{(x-\mu)^2}{2\sigma^2}}$$

とくに,平均 0,分散 1 である正規分布 $N(0, 1)$ のことを標準正規分布という.

$$f(x) = \frac{1}{\sqrt{2\pi}} e^{-\frac{x^2}{2}}$$

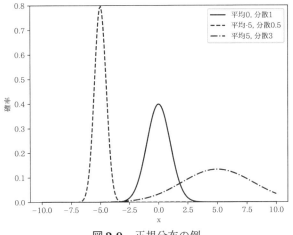

図 2.9 正規分布の例

t 分 布

t **分布**は密度関数が以下の式で表される分布である：

$$f_n(x) = \frac{1}{\sqrt{\pi}\beta\left(\frac{n}{2}, \frac{1}{2}\right)}\left(1 + \frac{x^2}{n}\right)^{-\frac{n+1}{2}}$$

ここで，n は自由度と呼ばれるパラメータであり，関数 $\beta(p, q)$ はベータ関数である．

図 2.10 は t 分布の密度関数を表している．t 分布は原点を中心とした偶関数であり，左右対称である．自由度が大きくなるにつれて，原点付近の確率が上昇する．形状が前項の正規分布と似ているが，t 分布の方が裾の確率が高くなっている．

正規分布から標本分布を生成し，それを正規化するときに標本標準偏差を用いたとき，それは t 分布に従う．検定や信頼区間でよく出てくる分布である．

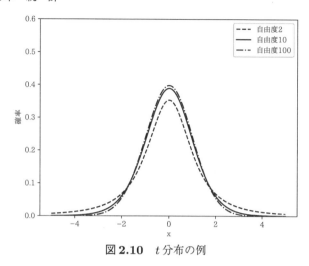

図 **2.10** t 分布の例

2.3 推 定

2.3.1 標本分布

全数調査と標本調査

国勢調査や大学のある科目の試験の成績のように，調べたい対象に対して全体を調べることを**全数調査**という．また，全国の小6の学力調査をするときに，いくつかの学校でのみ試験を行い，そこから全体の成績を推測する方法を**標本調査（サンプル調査）**という．

標本調査の場合，もともと調べたかった調査対象（全国の小6）の集合ことを**母集団**といい，実際に調査した対象のことを**標本（サンプル）**という．母集団から標本を抽出する際に，**無作為**に抽出しないと標本に対して平均をとったとしても，母集団の平均と乖離してしまうことがある．ここで，無作為な抽出とは，母集団の各要素を等しい確率で抽出することを意味する．

母集団分布

小6の学力調査で行うテストが100点満点で，母集団の大きさ，つまり，小6の人数が $N = 900,000$ であったとする．確率変数 X は0から100

までの値を取り，100点の人が k_{100} 人いたとすると，100点をとる確率は $P(X = 100) = k_{100}/N$ となる．このように母集団上で定義される確率分布のことを**母集団分布**という．母集団分布上での確率変数 X の平均・分散のことを**母平均・母分散**という．

　母集団を確率分布として捉える母集団分布という考え方は，しばしば，全数を調べられない状況が生じる計算機科学には好都合である．例えば，画像上に何かしらの特徴を定義して，特徴の有無により，カメラに人物が写っていることを検出するアルゴリズムを作ったとする．これを自動車に積載して，運転中の人物の検出率を考えるとする．その際，標本は車に人が映り込む度に生成されることになり，母集団となる集合が定義しづらい．理想的な真の確率分布の存在を仮定し，それを母集団分布としたうえで，母平均・母分散などを推定することで，アルゴリズムの性能を調べることになる．また，そもそもアルゴリズムそのものが確率的な振る舞いをするものがあり，適用対象が有限であっても試行の度に振る舞いが変わってしまい，これも母集団分布という考えが有用である．そして，母集団分布という考え方は容易に確率変数が連続値をとる場合にも拡張できる．

標本分布

　小6の学力調査において，成績の母平均を推定することを目的として，A県の小6を標本調査の対象とする．得られた平均点を $\bar{X}_A$ とする．別の標本調査として，B県の小6の平均点を $\bar{X}_B$ としたとき，$\bar{X}_A$, $\bar{X}_B$ は，抽出方法として地域に限定しすぎていることもあり，県単位というのは，十分大きな標本サイズであるが，母平均とは値がずれることが考えられる．

　平均に限らず，標本から分散なども計算でき，平均や分散といった統計量は，母集団が同じであっても標本によって値が変化する．換言すると，統計量が標本によって分布する．この分布のことを**標本分布**という．

中心極限定理

　母集団が平均 μ，分散 σ^2 の正規分布に従うとき，そこから抽出された大きさ n の標本の平均 $\bar{X}$ の分布は，平均 μ，分散 $\frac{\sigma^2}{n}$ の正規分布に従う．

　上の文章の意味するところは，抽出に偏りがなければ，標本の平均は $\bar{X}$ は

母平均を中心に分布する．平均の分散の分母に n があることから，標本の大きさが大きくなればなるほど分散は 0 に近づく．つまり，標本の平均 $\bar{X}$ は母平均に近い値となる．母集団の分散 σ^2 が大きいときは，標本の平均 $\bar{X}$ の分散も大きくなる．

中心極限定理は，上の文章と比べて，母集団の分布を特定しない使い勝手のよい定理となっている．

中心極限定理：平均 μ，分散 σ^2 の母集団から抽出された大きさ n の標本の平均 $\bar{X}$ の分布は，n が十分に大きければ，平均 μ，分散 $\frac{\sigma^2}{n}$ の正規分布に従う．

例えば，乱数シードを変えて，計算機実験を繰り返して，アルゴリズムの性能の平均を求めることを考える．中心極限定理は，アルゴリズムの性能の分布がどのように分布していようとも，試行回数が十分にあれば，その性能の平均値を，標本となる各試行における性能から推定できることを示唆している．

2.3.2 点 推 定

母平均や母分散といった母集合に関する未知の統計量について，標本分布から推定することを**点推定**という．母集団から n 個の標本を抽出するときの確率変数を $X_1, X_2, \ldots, X_n$ とする．これらの確率変数の関数 $T(X_1, X_2, \ldots, X_n)$ を設計することで，推定を行う．推定した統計量の期待値 $E(T(X_1, X_2, \ldots, X_n))$ が未知の統計量 θ に等しいとき，$T(X_1, X_2, \ldots, X_n)$ を θ の **不偏推定量**という．

標本平均

中心極限定理のところでも述べたように，平均 μ，分散 σ^2 の母集団から抽出された大きさ n の標本の平均 $\bar{X}$ は，平均が μ で，分散が $\frac{\sigma^2}{n}$ となる．この標本平均 $\bar{X}$ は不偏推定量である．

標本分散と標本不偏分散

平均 μ，分散 σ^2 の母集団から抽出された大きさ n の標本分布 X を考える．**標本分散** s^2 は次式で与えられる．

$$s^2 = \frac{1}{n}\sum_{i=1}^{n}(X_i - \bar{X})^2$$

これは，不偏推定量ではなく，次式の**標本不偏分散** $\hat{\sigma}^2$ が不偏推定量となる．

$$\hat{\sigma}^2 = \frac{1}{n-1}\sum_{i=1}^{n}(X_i - \bar{X})^2$$

　これらの式が示すことは，n 個の標本から分散を計算した標本分散は，母分散 σ^2 より小さい値をとるということである．

　母平均 μ を使って，$\sum_{i=1}^{n}(X_i - \bar{X})^2$ の中を $(X_i - \mu) - (\bar{X} - \mu)$ として変形する．

$$\begin{aligned}
\sum_{i=1}^{n}(X_i - \bar{X})^2 &= \sum_{i=1}^{n}((X_i - \mu) - (\bar{X} - \mu))^2 \\
&= \sum_{i=1}^{n}((X_i - \mu)^2 - 2(\bar{X} - \mu)(X_i - \mu) + (\bar{X} - \mu)^2) \\
&= \sum_{i=1}^{n}(X_i - \mu)^2 - 2n(\bar{X} - \mu)^2 + n(\bar{X} - \mu)^2 \\
&= \sum_{i=1}^{n}(X_i - \mu)^2 - n(\bar{X} - \mu)^2
\end{aligned}$$

標本分散 s^2 の期待値 $E[s^2]$ は次式で表現される．

$$\begin{aligned}
E[s^2] &= \frac{1}{n}E[\sum_{i=1}^{n}(X_i - \bar{X})^2] \\
&= \frac{1}{n}\sum_{i=1}^{n}E[(X_i - \mu)^2] - E[(\bar{X} - \mu)^2] \\
&= \frac{n-1}{n}\sigma^2
\end{aligned}$$

したがって，

$$\begin{aligned}
\sigma^2 &= \frac{n}{n-1}\frac{1}{n}\sum_{i=1}^{n}(X_i - \bar{X})^2 \\
&= \frac{1}{n-1}\sum_{i=1}^{n}(X_i - \bar{X})^2 = \hat{\sigma}^2
\end{aligned}$$

標本標準偏差

不偏分散の正の平方根を**標本標準偏差**と呼ぶ．これを母集団の標準偏差の推定値として利用する．

演習 2.8. 標本が 93, 78, 75, 72, 68 のときの，標本平均，標本分散，標本不偏分散，標本標準偏差を求めよ．

2.3.3　区間推定

不偏推定量とは，推定した統計量の「期待値」が調べようとする母数に一致するものである．しかしながら，実際に抽出した標本から推定された統計量には誤差が伴う．そこで，「一定の確率 $1 - \alpha$ で未知の母数 θ が区間 (T_1, T_2) に含まれる」といった区間を用いて推定する方法を**区間推定**という．確率 $1 - \alpha$ を**信頼水準**や**信頼度**という（95% や 99% のように百分率で表現することが多い）．そして，推定された区間のことを「95% 信頼区間」や「99% 信頼区間」のように呼ぶ．

母分散 σ^2 が既知の場合の母平均 μ の区間推定

母平均の推定量は標本平均 $\bar{X}$ である．2.3.1 節の中心極限定理の項で述べたように，$\bar{X}$ は，平均 μ，分散 $\frac{\sigma^2}{n}$ に従う（n は標本の大きさ）．$\bar{X}$ を標準化すると，

$$Z = \frac{\bar{X} - \mu}{\frac{\sigma}{\sqrt{n}}}$$

となり，Z は，平均 0，分散 1 の標準正規分布に従う．

$z(\alpha)$ を $P(|Z| < c) = 1 - \alpha$ を満たす c とする．95% 信頼区間の場合，$z(0.05) = 1.96$ となり，99% 信頼区間の場合，$z(0.01) = 2.576$ となる．このとき，信頼区間は

$$\left(\bar{X} - z(\alpha)\sqrt{\frac{\sigma^2}{n}}, \bar{X} + z(\alpha)\sqrt{\frac{\sigma^2}{n}} \right)$$

となる．

演習 2.9. 母分散が 64 であったとする．標本が 93, 78, 75, 72, 68 のときの，母平均の 95% 信頼区間を求めよ．$z(0.05) = 1.96$ を用いてよい．

母分散 σ^2 が未知の場合の母平均 μ の区間推定

標本の大きさ n が十分大きいとき $(n > 30)$ は，前項の母分散 σ^2 の代わりに標本不偏分散 $\hat{\sigma}^2$ を用いる．つまり，$100(1-\alpha)\%$ 信頼区間は，

$$\left(\bar{X} - z(\alpha)\sqrt{\frac{\hat{\sigma}^2}{n}}, \bar{X} + z(\alpha)\sqrt{\frac{\hat{\sigma}^2}{n}} \right)$$

で表現される．

標本の大きさが大きくない場合は，

$$T = \frac{\bar{X} - \mu}{\sqrt{\frac{\hat{\sigma}^2}{n}}}$$

が，自由度 $n-1$ の t 分布に従う確率変数となる．$t(n-1, \alpha)$ を，自由度 $n-1$ の t 分布が $P(|T| < c) = 1 - \alpha$ を満たす c とする．このとき，$100(1-\alpha)\%$ 信頼区間は，

$$\left(\bar{X} - t(n-1, \alpha)\sqrt{\frac{\hat{\sigma}^2}{n}}, \bar{X} + t(n-1, \alpha)\sqrt{\frac{\hat{\sigma}^2}{n}} \right)$$

で表現される．

演習 2.10. 母分散が不明であったものとする．標本が $93, 78, 75, 72, 68$ のときの，母平均の 95% 信頼区間を求めよ．必要に応じて $t(5, 0.05) = 2.57$，$t(4, 0.05) = 2.78$ を用いてよい．

比率の区間推定

計算機実験において，成功率や精度のように比率で達成度合いを表現することがよくある．例えば，成功率なら，成功回数 i を全体の試行回数 n で割ることで求められる．i の取りうる数字は $0, 1, 2, \ldots, n$ であり，成功回数 i は二項分布 $B(n, p)$ に従う．ここで p は，上記の文章なら成功率に相当する．

標本の大きさ n が十分に大きいときは，二項分布は近似的に正規分布 $N(np, np(1-p))$ に従う．ここで np，$np(1-p)$ は二項分布 $B(n, p)$ の平均と分散を表す．前項までと同様に標準化した確率変数 Z を定義する．

$$Z = \frac{\frac{Y}{n} - p}{\sqrt{\frac{p(1-p)}{n}}}$$

Z は近似的に標準正規分布 $N(0,1)$ に従う. $\frac{Y}{n}$ は,標本から計算された推定量(比率)である. p は比率の母数である. そこで, $\hat{p} = \frac{Y}{n}$ とし,分母も推定量で置き換えると,

$$Z = \frac{\hat{p} - p}{\sqrt{\frac{\hat{p}(1-\hat{p})}{n}}}$$

となり,これも近似的に標準正規分布に従う.

このとき, $100(1-\alpha)$ 信頼区間は,

$$\left(\hat{p} - z(\alpha)\sqrt{\frac{\hat{p}(1-\hat{p})}{n}}, \hat{p} + z(\alpha)\sqrt{\frac{\hat{p}(1-\hat{p})}{n}} \right)$$

で表現される.

演習 2.11. 10000 回ゲームをして,勝利をした回数が 6752 回であった. このゲームの勝率の 95% 信頼区間を求めよ. $z(0.05) = 1.96$ を用いてよい.

2.4 検 定

2.4.1 基本的な考え方

あなたが新しいアルゴリズムを考えたとする. そのとき,既存の手法と比較して,改善されているかを調べるために計算機実験を行う. つまり,実験や調査における仮説は,通常,異なる条件間に平均の差が生じるということを予測する. 仮に実際にデータを計測して平均値を調べて差があったとしても,その差が小さい場合,その差は条件の違いによるものではなく,たんなる偶然(たまたま)である可能性が考えられる. そのため,このような差が偶然(たまたま)なのか,たまたまでは起こりえないほど十分に大きいのか(有意に大きいのか)を確率という基準を用いて判断する. 検定は,データから根拠を得るための有用なツールである.

帰無仮説と対立仮説

仮説検定は,2つの仮説を立てて有意差の有無の判定を行う. 例えば,以下のような例が考えられる:

1.　ある指導法の実践前と実践後で，患者さんの一日の運動量が増えたかどうかを知りたい．
2.　この学校の男子と女子で，1週間の学習時間に差があるかどうかを知りたい．

1の場合，本来は「運動量が増えた」（＝指導法に効果があった）ということを示すことが目的である．しかしこれらの例のように，2つの調査結果の差を検証するときは，はじめに「両者には差はない」という仮説を立てる．このような仮説のことを**帰無仮説**と呼ぶ．

　帰無仮説とは「否定されて棄却されること（無に帰すること）を前提に立てられた仮説」を意味する．そしてこれを否定することで，「運動量が増えた（両者に差がある）」という，本来確認したい仮説（**対立仮説**）を確認する．

　確率的に起こりにくい仮説を立て，その確率が本当に低ければ，仮説を棄却することができる．低い確率の中では，偶然そのようになることが極めて稀となるからである．一方，確率的に起こりうると期待される仮説，今回の例でいうところの「差がある」という仮説は，方式として決定的な違いがあり優劣がいえるような状況であっても，偶然にもその事象が起きた可能性を否定することは難しい．

　この場合，データとしては「実践前の運動量」と「実践後の運動量」の2つを用いて，「実践前の運動量の平均と実戦後の運動量の平均の間には差がない」という帰無仮説を立てる．

有意水準

　平均値の検定では「2つの確率変数 X_A と X_B の平均に差がない（$\bar{X}_A = \bar{X}_B$）」という帰無仮説を仮定しているので，差の値（$\bar{X}_A - \bar{X}_B$）が「0」になる場合が最も多く，データが0の付近に集中することを期待する．

　たまたま大きな差が出たとしてもそれは「偶然の結果」なので，それほど多くはないはずである．つまり，「$\bar{X}_A - \bar{X}_B$」の確率変数の分布は，0を中心とした正規分布となる．

　有意検定は，実際の平均の差（$\bar{X}_A - \bar{X}_B$）を，「$\bar{X}_A - \bar{X}_B$ の確率分布図」にあてはめる．そして「実際の平均の差」が偶然的にどれくらい出現するの

かを確認する．もしこのとき，実際の平均の差が確率分布図の中心（0に近い位置）から大きく離れていないならば，これは「偶然の差」であると考える．この場合，帰無仮説は否定できないので，有意な差があるとはいえない．

　一方，もし実際の平均の差が中心から大きく離れて，確率分布の端の方にくる場合，この差は「偶然である」とは考えづらくなる．このように，偶然ではめったに起こらないような大きさの差が現実のデータに出現しているならば，この差は偶然ではないと考え，「2つのデータ X_A と X_B の平均に差がない（$\bar{X}_A = \bar{X}_B$）」という帰無仮説を否定して「2つのデータ X_A と X_B の平均に差がある」と結論付ける．

　「めったに起こらない」と考える基準として，統計学では，あらかじめ確率分布の端に「有意の区間」を決めておく．そして現実のデータから起こりうる確率を求め，その「有意の区間」に入るならば，偶然には起こらない差＝「有意差」として認める．

　この有意の区間全体の確率を**有意水準**と呼ぶ．有意水準は，5%とされることが多いが，検証したいことの性質によっては1%とする場合もある．実験結果の報告には「有意水準を5%とする」というように，実験条件に明記しておく．

　図2.11に有意水準5%として t 検定（両側検定）を行ったときの「有意の区間」を灰色で塗りつぶしたものを示す．

p 値

　p 値は，ある仮説が真であることを示す確率である．

　検定においては，帰無仮説が起こりうる確率（**危険率**）を示す．p 値が大きいときは，「平均の差」は偶然起こったものと考えられるため帰無仮説は否定できない．

　一方，p 値が低い場合，「平均の差」は偶然的な事象ではなく，**有意なもの**であることを意味する．

　最終的には，p 値と有意水準を比較して，「p 値＜有意水準」の場合に仮説を棄却する．

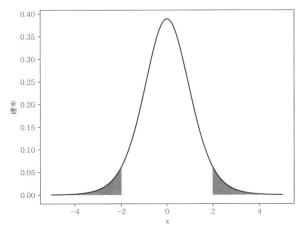

図 2.11 有意水準 5% として t 検定（両側検定）を行ったときの「有意の区間」

両側検定と片側検定

確率変数 X と Y の平均の差を検定する場合，両側検定が用いられることが多い．X と Y の大小関係が仮定できる場合には片側検定が用いられる．

演習 2.12. 以下の状況について，両側検定と片側検定のどちらがふさわしいか答えよ．

- 北海道と沖縄で，3 歳児の身長の平均に差があるかどうかを調べる
- ある都市の 3 歳児と 4 歳児の身長の平均に差があるかどうかを調べる

2 つの誤り

仮説検定はデータに対して確率的な根拠を与える有用なツールである．しかしながら，常に正しい判断をもたらすという訳ではない．表 2.6 に 1 回の仮説検定における，起こりうる事象を示す．結果として，帰無仮説 H_0 が正しかったのに，帰無仮説 H_0 を棄却した場合，これを**第一種の誤り**と呼ぶ．

また，対立仮説 H_1 が正しかったのに，帰無仮説 H_0 を棄却できなかった場合，これを**第二種の誤り**と呼ぶ．

この表の右下であることを，検定により説明したい．また，H_0 が棄却で

きなかったといって，帰無仮説 H_0 が正しいとは言い切れないことに留意する必要がある．

表2.6 仮説検定における2つの誤り

		仮説検定による判断	
		H_0 が棄却できない	H_0 が棄却
事実	H_0 が正しい	今回の検定では H_0 が正しいとは言い切れない	第一種の誤り
	H_1 が正しい	第二種の誤り	ここを説明したい

検定の手順

一般的な検定の手順を以下に示す．

1. 帰無仮説 H_0 と対立仮説 H_1 を定める
2. 有意水準 α を定める．
3. 検定統計量 T と棄却域 W を決める．
4. 標本から T を計算する．
5. 計算された T が棄却されれば H_1 を採択する．

2.4.2 対応のない2群の平均の差の検定

t 検定は，2群のデータの平均の差を検定する場合に使われる．

まず，データ X_A と X_B の母集団が正規分布とみなせるか調べる必要があり，正規分布の仮定がおけない場合はノンパラメトリックな検定手法を検討する必要がある．母分散が等しい場合と等しくない場合で手法が異なる．等しければ，よく使われている通常の t 検定を用いる．母分散が等しいとみなせない場合は，コクラン・コックスの方法やウェルチの方法を用いて t 検定を使う必要がある．

$\bar{X}_A - \bar{X}_B$ は $N(\mu_A - \mu_B, \frac{\sigma_A^2}{n_A} + \frac{\sigma_B^2}{n_B})$ に従う．標準化すると，

$$T = \frac{(\bar{X}_A - \bar{X}_B) - (\mu_A - \mu_B)}{\sqrt{\frac{\sigma_A^2}{n_A} + \frac{\sigma_B^2}{n_B}}} \tag{2.3}$$

は，平均 0，分散 1 の標準正規分布に従う．n_A, n_B は，データ X_A と X_B の大きさ（データの個数）を表している．

　ここで，

- 帰無仮説 H_0 : $\mu_A = \mu_B$
- 対立仮説 H_1 : $\mu_A \neq \mu_B$

となる．

等分散である 2 群の平均の差に関する検定：t 検定

　2 群のデータの母分散が等しいと考えられる場合，2 群のデータ X_A と X_B を 1 つにまとめたときの標本不偏分散 $\hat{\sigma}^2_{AB}$ を次式のように記述することができる：

$$\hat{\sigma}^2_{AB} = \frac{(n_A - 1)\hat{\sigma}^2_A + (n_B - 1)\hat{\sigma}^2_B}{n_A + n_B - 2}$$

ここで，n_A, n_B は，データ X_A と X_B の大きさ（データの個数）を表している．

　この標本不偏分散 $\hat{\sigma}^2_{AB}$ を式 (2.3) の σ^2_A と σ^2_B に代入し，帰無仮説 $\mu_A = \mu_B$ より，式 (2.3) は

$$T = \frac{(\bar{X}_A - \bar{X}_B)}{\hat{\sigma}_{AB}\sqrt{\frac{1}{n_A} + \frac{1}{n_B}}} \tag{2.4}$$

となる．

　式 (2.4) の T が自由度 $n_A + n_B - 2$ の t 分布に従うので，帰無仮説 H_0 : $\mu_A = \mu_B$ について，有意水準 α の両側検定を行う．具体的には，式 (2.4) の値を求め，この値の絶対値が t 分布表の（自由度 $n_A + n_B - 2$，有意水準 α）の値よりも大きければ，帰無仮説 H_0 は棄却される．

演習 2.13. データ X_A の大きさ n_A，標本平均 $\bar{X}_A$，標本不偏分散 $\hat{\sigma}_A$ が，それぞれ，25, 15.2, 9 であったとする．また，データ X_B の大きさ n_B，標本平均 $\bar{X}_B$，標本不偏分散 $\hat{\sigma}_B$ が，それぞれ，17, 12.3, 11.5 であったとする．

1. 式 (2.4) の T の値を求めよ．
2. 自由度 $n_A + n_B - 2 \, (= 40)$，有意水準 1% の t 分布表（両側検定）の値

が 2.704 であった．データ X_A と X_B の母平均の差に有意な差があるといえるか答えよ．

等しくない2群の平均の差に関する検定：ウェルチの方法

2群のデータの母分散が等しいとすることが難しい場合，ウェルチの方法を用いる．式 (2.3) を

$$T = \frac{|\bar{X}_A - \bar{X}_B|}{\sqrt{\frac{s_A^2}{n_A} + \frac{s_B^2}{n_B}}}$$

とする．これは自由度 v が次式で示される，t 分布に従う．

$$V = \frac{(\frac{s_A^2}{n_A} + \frac{s_B^2}{n_B})^2}{\frac{s_A^4}{n_A^2(n_A-1)} + \frac{s_B^4}{n_B^2(n_B-1)}}$$

前項と同様に，帰無仮説 $H_0 : \bar{X}_A = \bar{X}_B$ について，有意水準 α の両側検定を行う．

演習 2.14. データ X_A の大きさ n_A，標本不偏分散 $\hat{\sigma}_A$ が，20, 15 で，データ X_B の大きさ n_B，標本不偏分散 $\hat{\sigma}_B$ が，28, 21 であったとする．自由度 v を求めよ．v は小数点以下を切り捨てること．

対応関係のある t 検定

例えば，被験者を伴う実験をしたときに，いくつかのグループに分け，複数の試行を，順序を入れ替えて実施するということがある．この場合，複数の試行について，同一人物が実施しているので，データに対応があると考える．

2群のデータ X_A と X_B について，対応関係のあるデータの差分をとったデータ D_{AB}（ただし，D_{AB} の i 番目の要素は，各データ X_A と X_B の i 番目の要素（同一人物によるデータ）の差分）を考える．X_A と X_B が正規分布に従うとき，D_{AB} も正規分布に従うと考えられる．

- 帰無仮説 H_0：$\mu_{D_{AB}} = 0$
- 対立仮説 H_1：$\mu_{D_{AB}} \neq 0$

とする.

$$T = \frac{\bar{D}_{AB}}{\sqrt{\frac{\hat{\sigma}_{D_{AB}}^2}{n}}}$$

は自由度 $n-1$ の t 分布に従う. 帰無仮説 H_0 について, 有意水準 α の両側検定を行う.

2.4.3 比率の差の検定

精度など, 実験結果が比率として定義されることがある. 2つのアルゴリズムによって得られたデータ群 X_A, X_B を考える. 例えば, 精度の場合, X_A が1となるのはその試行が分類などのタスクで成功したときであり, 0 となるのは失敗したときである.

各データ X_A, X_B の合計値を r_A, r_B とし, データの大きさを n_A, n_B とする. 比率の推定量 $\hat{p}_A = \frac{r_A}{n_A}$ とする. $\hat{p}_B$ も同様に定める. r_A は二項分布 $B(n_A, p_A)$ に従うが, n_A が十分に大きいときは, r_A は正規分布 $N(\hat{p}_A, \frac{\hat{p}_A(1-\hat{p}_A)}{n_A})$ で近似できる. r_B も同様に近似できる. つまり, $\hat{p}_A - \hat{p}_B$ は $N(p_A - p_B, \frac{p_A(1-p_A)}{n_A} + \frac{p_B(1-p_B)}{n_B})$ に従うと考えられる.

さらに, 帰無仮説 $H_0 : p_A = p_B$ のもとで, $\hat{p}$ を2群を混ぜたときの比率, つまり, $\hat{p} = \frac{r_A + r_B}{n_A + n_B}$ としたとき, $\hat{p}$ は $N(0, \hat{p}(1-\hat{p})(\frac{1}{n_A} + \frac{1}{n_B}))$ に従うとみなしてもよい. したがって

$$T = \frac{\hat{p}_A - \hat{p}_B}{\sqrt{\hat{p}(1-\hat{p})(\frac{1}{n_A} + \frac{1}{n_B})}} \tag{2.5}$$

が標準正規分布 $N(0,1)$ に従うものとして検定を行う.

演習 2.15. アルゴリズム A は100回ゲームを行って, 10回ゲームをクリアした. アルゴリズム B は100回ゲームを行って, 15回ゲームをクリアした. このとき, 式 (2.5) の値を求めよ.

参考文献

[1] 和田 秀三:『統計入門』, サイエンス社, 1979

[2] 濱田 昇，田澤 新成：『統計学の基礎と演習』，共立出版，2005

[3] 加藤 克己，高橋 秀人：『基礎医学統計学—改訂第 7 版』，南江堂，2019

[4] チームカルポ：『Matplotlib&Seaborn 実装ハンドブック』，秀和システム，2018

第3章

アルゴリズム

本章では，プログラミングの基本となるアルゴリズムについて，その概念，手順の組み立て方，ソート（データの並び替え）や探索に関する代表的なアルゴリズムについて学ぶことを目標とする．具体的な学習目標を以下に示す．

本章での学習目標

1. アルゴリズムの基本的な概念を理解する．
2. アルゴリズム的思考を身につける．
3. ソート，探索に関する代表的なアルゴリズムを理解する．

3.1 はじめに

Google の検索エンジン，ネット広告，身近なところでは迷惑メールフィルタリングなど幅広い分野でアルゴリズムが活用されている．我々が日常的に利用しているスマホアプリも基本的にはアルゴリズムを特定のプログラミング言語で実装することにより実現されている．

プログラミングを行うためには，実装するプログラミング言語に関する知識（とくに文法など）が必要であるが，目的を実現するための手順を設計する知識も必要であり，アルゴリズムはまさにこの手順に該当するものである．

ここでは，プログラミングを学ぶ上で基本的な概念であるアルゴリズムに

ついて，その基本的な考え方，探索，ソート（並べ替え），文字列検索の分野における代表的なアルゴリズムについて学ぶ．プログラミングの際，様々なアルゴリズムを知っていることは，高速で効率の良いプログラムを作成する大きな手助けとなるだけでなく，すべてのアルゴリズムに共通する論理的な処理手順のノウハウを身につけることにつながり，プログラミングスキルを飛躍的に向上させることができる．さらに，アルゴリズムの学習を通じて，論理的な思考力，論理的な文書作成，手順を踏んだプレゼンテーション，妥当性のある解決策を考えるための思考方法なども磨くことができる．

3.2　アルゴリズムとは

アルゴリズム (algorithm) とは，「問題を解くための作業手順」のことを意味する．そのため，ある一定の手順に従えば答え（結論）が導き出せるものはすべてアルゴリズムとみなすことができ，楽譜や料理のレシピなどもアルゴリズムの一種といえる．楽譜であれば，書かれている音符どおりに曲を演奏すれば原曲を再現することができ，レシピであれば書かれている手順を踏むことで（おおよそ）同じ料理を再現することができる．アルゴリズムとは，誰でも同じことが再現できるよう，汎用性のある形で記述された手順と考えることができる．

ここでは，具体的な例として簡単な計算手続きを例に考える．例えば，合計や平均値，中央値を求める計算手続きは，一定の決まりきった規則に従い算出されるため，すべてアルゴリズムといえる．平均値であれば，下記に示す2ステップの処理から値を求めることができるため，この2ステップの処理そのものが「平均値を求めるアルゴリズム」となる．

Step1.　すべての要素値を足し合わせた合計値を算出．
Step2.　合計値を要素の数で割ることで平均値を算出．

アルゴリズムの語源は，アラビア語の冠詞「al（アル）」を含んでいることからも推測されるように古代アラビアの数学者にその起源を持つ[1]．

---

[1] そのほかアラビア語の冠詞を含む単語としては，「alkali（アルカリ）」，「alcohol（アルコホル＝アルコール）」，「algebra（アルジェブラ＝代数)」などがある．

9世紀前半，中央アジアのホラズム出身の数学者アル・フワーリズミー[2]
(al-Khwarizmi，ラテン語名 Algoritmi（アルゴリトミ））は，著書「インド
の数の計算法」の中でアラビア数字に関する記数法について記述した．こ
の著書はラテン語訳され，広くヨーロッパ各国の大学で使用されることと
なったが，この書の冒頭で書かれた Algoritmi dicti（フワーリズミー 曰
く）という言葉に由来するといわれている．そういった背景もあり，英語の
"algorithm" はアラビア数字を用いる「筆算法」という意味を含んでいる．

　アルゴリズムは，コンピュータが発明される遥か昔から存在しており，書
籍として残存している最古のアルゴリズムは，最大公約数を求めるための代
表的な手法である「ユークリッド互除法」といわれている．「ユークリッド互
除法」はギリシャの数学者ユークリッドにより，その著書「原論」の中で紀
元前に記述されたものであり，本書でも後ほどその詳細について解説する．

　以下，アルゴリズムに求められる要件，アルゴリズムの良し悪しを判断す
る基本的な概念となる計算量について学ぶ．

3.2.1　アルゴリズムに求められる3要件

　前述の通りアルゴリズムとは，「問題を解くための作業手順」であるが，満
たすべきいくつかの要件がある．アルゴリズムの要件は，書籍によってもそ
の定義が異なっているが，ここでは下記の3つの要件にまとめる．

　要件1　厳密性（汎用性）
　要件2　正当性
　要件3　停止性

　アルゴリズムにおいて最も重要な要件は，読み手により意味や処理の解釈
が変わらないこと，厳密性である．アルゴリズムは作業手順そのものである
ため，実際にプログラムで記述するためには，特定のプログラミング言語で
実装するという作業が必要になる．その際，だれもがどんなプログラミング
言語でも実装でき，その結果（出力）が変わらないことが求められる．つま

---

[2] フワーリズミーとは「ホラズム出身の人」を表す通称．

り，アルゴリズムは汎用的である一方，厳密に定義されている必要がある．
そのため，アルゴリズムは後述するように四則演算・条件分岐・ループと
いった明確な手順の組み合わせにより表現される．

また，アルゴリズムは「指定された条件を満たす入力が与えられた場合，
必ず正しい結果を導き出す」必要がある．一般的に，これをアルゴリズムの
正当性と呼び，想定するあらゆる入力（入力条件を満たしたもの）に対して
得られた結果が常に正しいものであることを保障する．この正当性は，要件
3の「停止性」[3]を含む概念としても定義されており，入力条件を満たした
あらゆる入力に対して，確実に停止し出力条件を満たした結果が得られる
条件を「完全正当性 (total correctness)」と呼ぶ．一方，このうち「確実に
停止し」という条件（停止性の条件）を除いたものを「部分正当性 (partial
correctness)」と呼ぶ．

アルゴリズムの正当性を追求することは，想定外の出力の原因となるバグ
を除去するための重要な概念であり，たとえ直感的に正しいと思われるアル
ゴリズムであっても必ず正当性の観点で様々な入力に対して期待する結果と
なっているかを確認する必要がある．処理が複雑なアルゴリズムでは，処理
全体の正当性を担保することは難しいため，手順の途中段階において，途中
段階として満たすべき要件を必ず満たしているかどうかを確認することで，
アルゴリズムの正当性を検証する方法が有効である．一般的に，この途中段
階での結果の正しさを検証する作業をアサーション (assertion) と呼び．任
意の場所でアサーションを行い，アルゴリズムのステップごとに例外が生じ
ないかどうかを確認する．

3.2.2 アルゴリズムとプログラムの関係

すべてのプログラムは，入力に対して目的とする出力を得るための処理と
して捉えることができる．プログラムとアルゴリズムの関係を図示したもの
を図3.1に示す．

[3) アルゴリズムの停止性とは，「いかなる条件の入力値が与えられた場合でも，有限時間
内に必ず正しく停止することを保証する」ことを意味する．例えば，無限ループのよう
に最終的な出力にたどり着かない場合を含む手順は停止性を満たしていない．

図3.1　プログラムとアルゴリズムの関係

　図3.1からわかるように，プログラムは，何らかの入力値（入力値集合）に対して意図する出力値（出力値集合）を出すため装置のようなものであり，アルゴリズムは，この入力値に対して期待する出力値を得るまでの一連の計算手続きである．

　ここで，改めてソフトウェア，プログラム，アルゴリズム，プログラミング言語のそれぞれの関係について整理すると，「ソフトウェアの中身にあたるものがプログラム」であり，「プログラムとは，処理手順であるアルゴリズムを何らかのプログラミング言語で具現化したもの」となる．

3.2.3　アルゴリズムによる処理手順

　手続き型プログラミングにおける基本的なアルゴリズムは，図3.2に示すように，逐次実行，条件分岐，繰り返しの3種類の処理の組み合わせにより表現することができる．

逐次実行（**図3.2(a)**）　　処理が並んでいる順に実行．順次処理．
条件分岐（**図3.2(b)**）　　ある一定の条件により2つ（もしくは複数）の処理から選択して実行．
繰り返し（**図3.2(c)**）　　条件を満たすまで処理を繰り返し，条件を満たしたら次の処理に進む．

　実際のアルゴリズムでは，図3.2に示した3つの処理を組み合わせることで，目的とする一連の処理を記述する．このような3つの処理の組み合わせによる表現は，構造化プログラミング (structured programming) として知られており，アルゴリズムを効率よくかつ誤りなく記述する方法論として広

表 3.1 流れ図（フローチャート）における基本記号

記号	名称	意味
□	処理記号	処理，行動，機能を示す図形（四角形）．標準的な処理はすべてこの記号で表現する．
◯	開始・終了記号（端子）	アルゴリズムの開始点や終了点を表す図形．「終端記号」とも呼ばれる．
◇	判断記号	条件分岐を表現する際に使う記号（ひし形）．判断，比較を表現．
⬠	ループ記号（開始）	ループ（繰り返し）処理の開始を表現する際に使う記号．
⬡	ループ記号（終了）	ループ（繰り返し）処理の終了を表現する際に使う記号．
▱	入出力記号	外部データの参照や外部データへの書込み，ファイルの入出力などを表現する記号．
▱	サブルーチン（定義済み処理）	別に定義されている一連の処理（サブルーチン）を表現するときに使う記号．

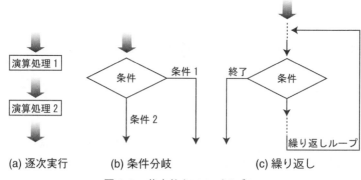

(a) 逐次実行　　　(b) 条件分岐　　　(c) 繰り返し

図 3.2　基本的なアルゴリズム

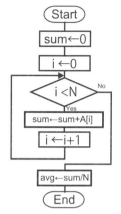

図3.3 平均値算出アルゴリズム

く普及している．構造化プログラミングにおける1つの特徴は，様々なプログラミング言語で多用されている指定した任意の位置に無条件に移動する "go to" 文を排除している点であり，処理の流れがあちこちへ飛ぶことを禁止している．

すべてのアルゴリズムは，何らかの入力に対して期待する出力を得るための処理手順であり，その処理手順は一般に流れ図 (flow chart，フローチャート) により表現される．流れ図における基本記号を表3.1に示す．

通常，流れ図（フローチャート）では表3.1に示された記号を組み合わせることで，処理の流れを表現する．具体的な例として，先ほど例として示した平均値を算出するアルゴリズムのフローを図3.3に示す．ここでは，N個 (N > 0) の要素が入っている配列 A が存在しており，その平均値を変数 avg に出力することを想定している．

3.2.4 アルゴリズムにおける計算量

アルゴリズムにおける重要な評価項目の1つに必要とする処理時間がある．これは，そのアルゴリズムを実行したときに終了するまでかかる時間のことであり，一般的にはより一般化した概念である時間計算量 (time complexity) によりアルゴリズムの処理時間を表現する．時間計算量は，ア

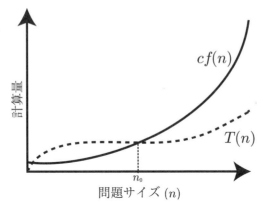

図 **3.4**　オーダー記法の定義に関する概念図

ルゴリズムを実行したときの命令の数を意味する.

　この時間計算量の概念に基づいてアルゴリズムの計算量を表す最も標準的
なものが,「O記法 (O-notation)」である. O記法における基本パラメータ
は入力データの数を表すnであり, 計算量 (complexity) はnの関数として
表現される. ちなみに, この "O" はオーダー (order) を表しており, ここで
の計算量は実行されるステップの回数により定義される. 以下, O記法の定
義を示す [1].

> ─ O記法の定義 ─────────
>
> 「計算量$T(n)$がある関数$f(n)$に対して$O(f(n))$である」とは, 適当な
> 2つの正の定数n_0とcが存在して, $n \geq n_0$となるすべてのnに対して,
> $T(n) \leq cf(n)$が成立すること.

　上記の定義を図に示したものを図3.4に示す. 図中における$T(n)$が実際
のアルゴリズムの計算量であり, $cf(n)$はその計算量$T(n)$をn_0以上の領
域 ($n \geq n_0$) において上回る関数を表している. このような関係を持つ$f(n)$
は, $T(n)$の漸近的上界 (asymptotic upper bound) と呼び, O記法では,
$T(n)$を$O(f(n))$と定義している.

　概念的には, nが無限大の場合における主要項（nが大きくなるにつれて

一番大きな項) のみを残して，それ以外の項は無視，また主要項の係数も無視して考えた関数として $f(n)$ を捉えることができる．例えば，あるアルゴリズムの計算量 $T(n)$ が $an^2 + bn + c$ である場合には，単に $O(n^2)$ であるという．

このような漸近的な評価方法は，アルゴリズムをおおまかに比較する上で非常に重要であるが，n が小さい場合には省略している主要項の係数および主要項以外の部分に左右されることもある．

また，**最悪計算時間**と**期待される計算時間**も区別する必要がある．これらの計算時間の差は，入力されるデータの性質により生じる．

計算量に関する具体例として，比較的単純なソートアルゴリズムである挿入ソートをとりあげ，その計算量について考える[4]．以下，データ数 n の配列 A に対する挿入ソートを Python 言語で表現したプログラムを示す．ここでは簡単のため，第 i 行目を実行するのに c_i 時間かかるものとする（ただし，この c_i は定数とする）．なお，本書で紹介するすべての Python のコードは参考書 [2] などを参考に記述したものである．

行番号	プログラム	計算量	回数
1	`def insertionSort(A):`	c_1	1
2	`    for i in range(1, len(A)):`	c_2	n
3	`        tmp = A[i]`	c_3	$n-1$
4	`        j = i-1`	c_4	$n-1$
5	`        while j >=0 and tmp < A[j] :`	c_5	$\sum_{i=1}^{n-1} t_i$
6	`            A[j+1] = A[j]`	c_6	$\sum_{i=1}^{n-1} (t_i - 1)$
7	`            j -= 1`	c_7	$\sum_{i=1}^{n-1} (t_i - 1)$
8	`        A[j+1] = tmp`	c_8	$n-1$

上記における t_i は，5〜7 行目における while ループが 2 行目で設定される i の値に対して繰り返される回数である．

ここで，挿入ソートにかかる実行時間 $T(n)$ を求めるため，計算量と回数の列の積和を求める．

---

[4] 挿入ソートの詳細については，後述の p.97 参照のこと．

$$T(n) = c_2 n + c_3(n-1) + c_4(n-1) + c_5 \sum_{i=1}^{n-1} t_i$$

$$+ c_6 \sum_{i=1}^{n-1} (t_i - 1) + c_7 \sum_{i=1}^{n-1} (t_i - 1) + c_8(n-1) \qquad (3.1)$$

　たとえ入力サイズが同じであっても，アルゴリズムの実行時間は，どのような入力が与えられるかによって異なる．例えば，配列が既に昇順にソートされているような場合，各 $i = 1, 2, \ldots, n-1$ に対して i が初期値となる3行目において $a[j-1] \le tmp$ となる．そのため，$i = 1, 2, \ldots, n-1$ に対して $t_i = 1$ となり，下記のように $O(n)$ の最良実行時間となる．

$$T(n) = c_2 n + c_3(n-1) + c_4(n-1) + c_5(n-1) + c_8(n-1) \qquad (3.2)$$

　一方，配列が逆順にソートされていた場合（降順にソートされていた場合）には，最悪の実行時間となる．この場合には，各要素 $a[i]$ は，ソート済みの目的列 $(a[0], \ldots, a[i-1])$ と比較する必要がある．そのため，$i = 1, 2, \ldots, n-1$ に対して $t_i = i$ となる．ここで，

$$\sum_{i=1}^{n-1} i = \frac{n(n-1)}{2}, \qquad (3.3)$$

$$\sum_{i=1}^{n-1} (i-1) = \frac{(n-1)(n-2)}{2} \qquad (3.4)$$

となるため，最悪実行時間は下記のように $O(n^2)$ となる．

$$T(n) = c_2 n + c_3(n-1) + c_4(n-1) + c_5 \left(\frac{n(n-1)}{2} \right)$$

$$+ c_6 \left(\frac{(n-1)(n-2)}{2} \right)$$

$$+ c_7 \left(\frac{(n-1)(n-2)}{2} \right) + c_8(n-1) \qquad (3.5)$$

　上記からわかるように，挿入ソートはほぼ（昇順に）ソートされている場合に適している．しかし，一般に入力データが順にソートされていることはないため，挿入ソートの一般的なオーダーは $O(n^2)$ となる．

3.2.5　計算量別にみた代表的なアルゴリズムにおける O 記法の代表的な例

ここで，O 記法の実行時間を感覚的に理解するために，$O(1)$，$O(\log n)$，$O(n)$，$O(n \log n)$，$O(n^2)$，$O(2^n)$ の代表的なアルゴリズムについて示す.

- $O(1)$

  どんな入力に対しても，問題の大きさ（データ規模）に依存しないコードを実行するだけで答えが得られるアルゴリズムである．例えば，与えられた数が 2 で割り切れるかどうかは，与えられた数の末尾 1 桁により判定することができる．この場合，常に決まったコード（末尾 1 桁が偶数か，奇数か）で判定できるため $O(1)$ となる.

- $O(\log n)$

  処理を 1 ステップ進めるたびに，調べる範囲が定数分の 1 になるアルゴリズムである．例えば，ソート済み配列に対する 2 分探索は，1 ステップ進むたびに調べる範囲が半分となるため，$O(\log n)$ となる．また，こういったアルゴリズムを "対数アルゴリズム" とも呼ぶ.

- $O(n)$

  入力をすべてひと通り調べるアルゴリズムである．入力されたデータから最大値を調べるアルゴリズムなどはこれにあたる．また，線形探索では先頭から末尾まですべての要素をひと通り調べるが，これも $O(n)$ である．このようなアルゴリズムは，"線形アルゴリズム" とも呼ぶ.

- $O(n \log n)$

  定数個の部分問題に分割してそれぞれの解を求め，それらの解を併せて全体の解を導き出すようなアルゴリズムである．例えば，クイックソートといった多くの高速ソーティングアルゴリズムはこれにあたる．これらのアルゴリズムでは，入力データを 2 分割することで部分問題化し，それぞれの部分問題で解を求め，最後にそれらを統合する形で最終的な解を求める「分割統治アルゴリズム」に基づいている．標準的な分割統治アルゴリズムにおける計算量は $O(n \log n)$ であるため，これらのアルゴリズムにおける計算量も $O(n \log n)$ の計算量となる.

- $O(n^2)$

  2重ループを作成し，入力のそれぞれの対をすべて調べるアルゴリズムによくみられる計算量である．また，挿入ソートの例のように n の入力全体をみて1つを選択し，次に残りの $n-1$ の全体を見て1つを選択するといった作業，$\sum_{k=1}^{n} k = \dfrac{n(n+1)}{2}$ の手間がかかるようなアルゴリズムも，O 記法では $O(n^2)$ と表される．

- $O(2^n)$

  これは，出現するすべての組み合わせについて条件判定を行う力任せのアルゴリズムにみられる計算量である．いわゆる全探索と呼ばれるものであり，問題の大きさが1増加するだけで実行時間が倍増するという性質を持つ．問題規模が一定以上の場合には実用的な手法ではなく，"指数アルゴリズム"と呼ばれる．

3.3 データ構造

データ構造とは，何らかの複数のデータを扱うためにそのデータ群を格納するための構造のことである．代表的な例としては，配列，リスト，ツリー（木構造），ハッシュテーブルなどがある．

以下，最も単純なデータ構造である配列について解説する．

3.3.1 配 列

配列はデータが並んだものであり，配列のそれぞれの要素には**添え字**を用いてアクセスすることができる．

例えば，Python において「1」を初期値に持つ5つの変数が必要なときには，下記のように宣言することができる．

```
a=b=c=d=e= 1
```

上記の5変数は独立した変数であるため，互いに何の関連性もない．

一方，配列（リスト）を利用した場合には下記のように宣言することがで

きる[5].

```
a = [1] * 5
```

この場合には，$a[0], a[1], \ldots, a[4]$ の計 5 つの変数を，先ほどの a〜e と同じく利用することができる．

しかし，先ほどの 5 つの変数 a〜e はどこでどの変数を使うのか（プログラムの中で）決めなければならないのに対して，配列 a[] はプログラムの実行時にどの変数を使うのか選択することができる．それを実現させているのが配列における**添え字**である．Python ではリスト (list) を配列のように扱うことができ，添え字演算子 "[]" を用いて式を記述すれば配列の要素を直接指定し，参照することができる．このことにより，for ループ文などで添え字指定による配列要素の操作が可能となる．一方，独立した変数 a〜e では，for 文において添え字利用による操作を行うことはできない．

3.3.2 多次元配列

配列は，添え字が 1 つしかなく，要素が 1 次元に並んだものとみなすことができる．このような 1 次元配列は，一般に**ベクトル**と呼ばれる．対して，添え字が 2 つある配列は，要素が 2 次元に並んでいるとみなすことができ，**行列**と呼ばれる．この場合には，行列の行を指し示すのに 1 つの添え字，列を指し示すために 1 つの添え字が使用される．通常，要素が 1 次元ではない（2 次元以上ある）配列を**多次元配列**と呼ぶ．

Python で 2 次元配列を作成する例を以下に示す．

```
xs = [[1,2,3],[4,5,6]]
```

3.3.3 リ　ス　ト

リストとは，データが順序づけられて並んだデータ構造のことであり，

[5) ここではリスト変数を便宜上，配列として扱う．

図 **3.5**   線形リストの概念図

データ要素そのものと次の構造を指すポインタを要素として持つ構造体によって実現される[6]. リストは，1次元配列のようにデータを列として並べることができ，データの追加，削除，並び替えが容易に実現できるデータ構造と捉えることができる．ただし，配列がメモリ内で並んで格納されているのに対して，リストではメモリ内にばらばらに格納されており，前後関係をポインタとして保持しているなどその内部構造は大きく異なる．

　リストを上手く利用することにより，（例えば電話帳などにおける）データの追加，削除，データ検索やデータの順序づけなどを容易に実現することができる．

　リスト構造には，様々な方法が存在するが，その中で最も単純かつ広く利用されているのは線形リスト (linear list) あるいは連結リスト (linked list) と呼ばれるものである．4つのデータが線形リストとして連結している様子を表す概念図を図3.5に示す．

　線形リスト上の個々のデータは，ノード (node) あるいは要素 (element) と呼ばれ，自己参照型構造体で定義される．自己参照型構造体とは，本来のデータの他に，自分自身と同じ構造体型を指すポインタを持つ構造体のことを意味する．図3.5の例では，4つノードがそれぞれ自分自身と同じ構造体型を指すポインタにより連結している様子が示されており，一番末尾のノードではそれ以上，どこにもつながっていないため，ポインタはNULLにつながっている．

　線形リストの最初と最後のノードは，それぞれ先頭ノード (head node)

---

[6] Python が提供するリスト型（list型）は，本節で述べているリストではなく，全要素を連続したメモリ領域に配置した配列である．

および末尾ノード (tail node) と呼ばれており，ノードにおいて 1 つ前の
ノードを先行ノード (predecessor node)，1 つ後ろのノードを後続ノード
(successor node) と呼ぶ.

3.3.4 配列とリストの違い

　配列とリストは，データを並べて扱うという点において似た性質を持って
いるが，メモリ上での保存の仕方に大きな異なりがあり，下記に示すような
重要な違いがある.

- 配列は決まったサイズとなるが，リストのサイズは「リストの中身を記
  憶するのに必要なサイズ」＋「項目ごとにポインタを記憶するための
  オーバーヘッド」の 2 つの加算と等しくなる.
- 配列はブロック移動（中身を順々に入れ替え）により順序変更を行うの
  に対して，リストはポインタの交換により順序が変更される.　そのた
  め，追加・削除・挿入に要する時間は，リストが $O(1)$ であるのに対し
  て，配列は $O(N)$ となる.
- リストでは項目を挿入したり削除しても他の項目は（メモリ空間上にお
  いて）移動されない.
- 配列では添え字を使って，array[5] のようにデータを扱うことができる
  が，メモリ上連続して格納されているわけではないリストでは添え字を
  使った直接指定が行えない.　リストでは，先頭から順に後ろにたどる，
  もしくは反対に末尾から前にたどっていくしかない.

　上記からもわかるように，項目の追加・削除が頻繁に生じる場合，事前に
項目数がわからないような場合には，リストの方が適しているといえる.　一
方，配列は事前に項目数がある程度わかっており，その項目数に変化が生じ
ないことがわかっているようなデータを扱うのに適している.　また，上記の
最後の指摘からわかるように，リストは一連のデータを順番にたどっていく
場合には問題ないが，一連のデータをとびとびに参照するような場合には配
列の方が適しているといえる.

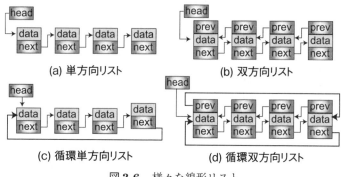

(a) 単方向リスト　　(b) 双方向リスト

(c) 循環単方向リスト　　(d) 循環双方向リスト

図 **3.6**　様々な線形リスト

3.3.5　リスト構造の種類

　リスト構造にはいくつか種類がある．大きな違いとしては，単方向と双方向，既ソートと未ソート，そして循環と非循環の別がある．代表的なリスト構造の概念図を図3.6に示す．

　単方向リストは，その名の通りある一定方向からしかデータをたどっていけないリスト構造である．リストの概念図として最初に示した図3.5はまさに単方向リストの例であり，探索の際，ノード同士を先頭からしかたどることができない．たどる方向が1方向であるため，リストの要素（ノード）を表す構造体には後続ノードへのポインタ (next) しか存在しない．一方，双方向リストは後続ノードへのポインタだけでなく先行ノードへのポインタを持つリストである．単方向リストでは，後続ノードへ向けての探索が容易である一方，先行ノードへ向けての探索が非常に困難であるという問題点がある．双方向リストは前後ノードに対するポインタを有することによりその問題点を解決している．

　また，リストがソート済み (sorted) ならば，リストの線形順序はリストに蓄積されている要素キーの順序に対応し，リストの先頭が最小の要素キー，末尾が最大の要素キーとなる．逆に，未ソート (unsorted) ならば要素の出現順序は任意となる．

　循環リスト (circular list) では，末尾と先頭が循環するようポインタをつ

なぐため，循環単方向リスト（図 3.5(c)）では末尾の next ポインタが先頭ノードを指し，循環双方向リスト（図 3.5(d)）ではそれに加えてリストの先頭の prev ポインタがリストの末尾ノードを指している．

3.3.6 スタックとキュー

スタック (stack) およびキュー (queue) とは，データを一時的に蓄える際に利用されるデータ構造の一種であり，上記で説明した配列や線形リストと異なり物理的なメモリー構造ではなく，用途で分けたデータ構造である．具体的には，線形リストを利用したスタックやキュー，配列を利用したスタックやキューというものが存在する．ただし，動的集合であることが一般的であり，線形リストが主に使用される．

一方，スタックとキューはお互いにデータを一時的に蓄えるデータ構造であるが，データの取り出し順序において異なっている．スタックでは入れた順序と逆の順序でデータを取り出すのに対して，キューでは入れた順序でデータを取り出す．

スタックとキューを理解することにより，データの処理順序および蓄積方法による特徴の違いを学ぶことができ，用途に応じたデータ処理，データ蓄積を実装することができる．

3.3.7 スタック

スタックの原意は，「干し草を摘んだ山」という意味である．スタックに対しては，データの追加，取り出しを行うことができるが，取り出しの際は，最後に入れられたものから行われる．そのため，スタックは**後入れ先出し (LIFO: Last In First Out)** と呼ばれる．スタックは一時的に状態を保存しておいて他の作業を行い，あとでもとの状態に戻す場合などに適している基礎的で重要なデータ構造である．

なお，スタックにデータを追加する操作を**プッシュする (push)**，スタックからデータを取り出す操作を**ポップする (pop)** と呼ぶ．ちなみにこれらの名前は，カフェテリアなどに設置されているバネ仕掛けの皿格納器などの物理的なスタックに由来しており，このような格納器では，一番上にある皿の上にしか追加の皿は置けず，また一番上にある皿しか取ることができな

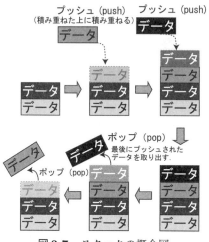

図3.7　スタックの概念図

い．このように "push" された順序と逆の順序で "pop" されるという特徴を
持つスタックの概念図を図3.7に示す．

3.3.8　キ ュ ー

　キューもスタックと同じくデータを一時保存するためのデータ構造の一種
である．しかし，スタックが最後に入れたデータが最初に出てくることから
LIFO と呼ばれるのに対して，キューは最初に入れたデータが最初に取り出
されるため**先入れ先出し (FIFO: First-In, First-Out)** と呼ばれる．

　キューの仕組みとしては，銀行などの窓口に一列に並んでいる待ち行列を
イメージするとよい．一列に並んでいる待ち行列は，先頭の人から順番に抜
け，新規に並ぶ人は列の末尾に並ぶというキューと同じ先入れ先出しの構造
を持っている．

　キューにおいてデータを追加する操作をエンキュー (enqueue)，データ
を取り出す操作をデキュー (dequeue) と呼ぶ[7]．キューの概念図を図3.8に

---

[7] スタックにおけるプッシュが「積む」という意味なのに対して，キューにおけるエン
　キューは「押し込める」という意味．

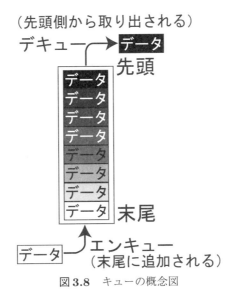

図 **3.8** キューの概念図

示す.

3.4 探索

探索 (Search) とは，多くのデータ集合の中から目的とする値を探し出すことである．広義では，いわゆる最適化も探索の概念に含まれるが，ここでは下記のように定義されるもっと狭義の意味における "探索" を扱う.

（狭義）探索の定義

入力として n 個のデータ $d_0, d_1, \ldots, d_{n-1}$ と値 x が与えられたときに，データ中から $x = d_i$ となる d_i を見つける操作（もし値 x がデータ中に含まれない場合には，"データ中に存在しない" という出力を行う操作）.

例えば，英語辞書から目的の単語を探す場合を考えてみる．頭から順番に目的の単語が出てくるまで探す方法，辞書の真ん中辺りを開いてそのページより前にあるのか後ろにあるのか調べ，またその半分を開いて ..., と徐々に

探索領域を狭めていく方法，頭文字のアルファベットからある程度あたりを
つけてその周辺から調べる方法など様々な方法が考えられる．

　本節では，代表的な探索アルゴリズムとして，線形探索，2分探索，ハッ
シュ法の3つをとりあげ，それぞれの特徴について説明する．

3.4.1　線形探索

　探索の中でも最も単純な線形探索 (Linear search)[8] について考える．線
形探索は，直線上に並んだ要素に対して先頭から順番に1つずつ順に走査を
進める方法であり，先に学んだ線形リストにおいて先頭ノードから順にた
どって目的ノードに向かう動きとまったく同じ挙動をとる．

　線形探索の具体的な例として，線形探索を Python で表現したプログラム
例を示す．この例では，リスト（配列）として表現されている集合 A から探
索のキーとなる key と一致する要素を見つけ出し，その添え字（見つからな
かった場合には -1）を返す関数として線形探索が表現されている．

```
行番号　プログラム
1       def seq_search(A: Sequence, key: Any) -> int:
2           for i in range(len(A)):
3               if A[i] == key:
4                   return i
5           return -1
```

　このアルゴリズムの実行例を図3.9に示す．この例では，$n = 10$ の配列 A
にデータ集合が格納されており，探索する値 $key = 5$ である．配列の先頭か
ら順に要素のチェックが行われ，$A[3]$ において一致する値を見つけられるた
め，その添え字番号「3」を出力することとなる．

　なお，上記の線形探索における終了条件は下記に示す2つである．

探索失敗　探索すべき値が見つからずに終端を通り過ぎた（条件1）
探索成功　探索すべき値と等しい要素を発見（条件2）

---

[8] 逐次探索 (sequential search) とも呼ばれる．

要素数が n である場合，"探索成功の判定" のための比較回数は平均で $\frac{n}{2}$ となり，探索が失敗する場合，（for 文でループを実現していた場合には）要素数分に 1 を加えた $n+1$ 回の比較が必要となる[9]．

番 兵 法

番兵法 (sentinel) は，線形探索における 2 つの条件判定を 1 つに減らすための方法である．上述のとおり線形探索では，「終端を通り過ぎたかどうか」（条件 1），「値が一致していたかどうか」（条件 2）という 2 種類の判定を行っている．たかが比較計算であるが，要素数 n が膨大となるに従ってその比較計算コストも線形で効いてくるため，可能な限り減らすべきである．

番兵法では，配列要素の並びの直後に探索すべき値を格納することにより，条件 2 のみの判定だけで探索の失敗についても判定を行う．これは，並びの直後に探索すべき値を格納することにより，仮に配列要素の中に探索すべき値が見つからない場合でも並びの直後に挿入した要素までなぞったところで必ず条件 2 が成立するため，発見した配列要素の場所（添え字）から探索の成功および失敗を判断することができる．

この配列要素の並びの直後に挿入する "探索すべき値" を番兵という．これは，挿入した番兵の存在により探索が要素末尾まできているかどうかを判断することができ，この番兵がまさに門番としての役割を果たしているよう

図 **3.9** 線形探索による探索例

[9) 探索失敗の場合，必ず終端を通り過ぎるため，ループの最初に条件判定を行う for 文での条件比較では "要素数 + 1" の比較となる．

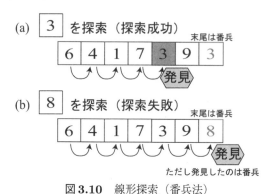

図 3.10 線形探索（番兵法）

に見えるためである．番兵法に関する概念図を図3.10に示す．

番兵を用いた線形探索アルゴリズムでは，条件判定が1つ（条件2のみ）となるため，探索に必要となる比較計算コストが約半分となる．

3.4.2 2分探索

2分探索 (binary search) は，既にソートされたデータからの探索を対象とした場合に非常に有効な方法である．まず真ん中の要素をチェックし，その値が自分の探している値よりも大きかったら前半を調べ，小さければ後半を調べるといった手順を，探している要素が見つかるまで繰り返すといったアルゴリズムにより実現される．イメージとしては，辞書で単語を引く方法を整然と行うようなものである．14個の要素を持つソート済み配列 A に対する2分探索について，探索成功の場合の例を図3.11に，探索失敗の場合の例を図3.12示す．

図3.11および図3.12から2分探索の様子を読み取ることができる．2分探索では，探索範囲の先頭 (*pl*)，中央 (*pc*)，末尾 (*pr*) を用いて探索範囲を2分の1ずつ狭めることを繰り返すことにより，効率的な探索を実現している．具体的には，探索する値 *key* と探索範囲の中央 (*pc*) にある要素 A[*pc*] を比較して等しければ成功とし，そうでない場合には下記のルールに従い探索範囲を狭める操作を行う．

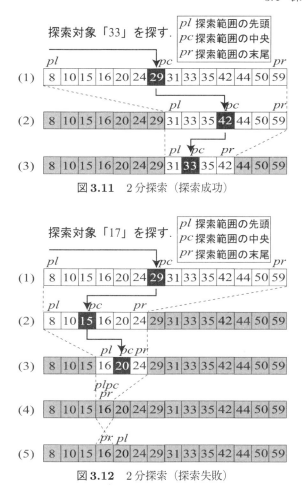

図 **3.11** 2分探索（探索成功）

図 **3.12** 2分探索（探索失敗）

- $key > \mathrm{A}[pc]$ のとき
  探索範囲を $\mathrm{A}[pc+1]$〜$\mathrm{A}[pr]$ に絞り込むことができる．そのため，pl の値を $pc+1$ に更新する．
- $key < \mathrm{A}[pc]$ のとき
  探索範囲を $\mathrm{A}[pl]$〜$\mathrm{A}[pc-1]$ に絞り込むことができる．そのため，pr の値を $pc-1$ に更新する．

　また，探索が失敗する場合には，探索の先頭 (*pl*) の値が末尾 (*pr*) より大きくなるため，探索に失敗したことを確認することができる.

　2分探索では，探索範囲を半分に絞り込むことを繰り返しながら探索を行うため，必要な計算コストは分岐の回数（手順の繰り返し数）と一致する. 最も比較回数が多くなる探索が失敗した場合（図3.12）でも，その分岐の数は $\log_2 n$（厳密には，$\log_2 n$ の小数点値を切り上げした整数値）となるため，2分探索における計算量は $O(\log n)$ となる.

3.4.3　ハッシュ法

　2分探索では，事前にデータを決まった順番に並べて（ソート）おき，対象データの中央値を基準に効率的に探索範囲を限定することで $O(\log n)$ での探索を実現している. 一方，ハッシュ法 (Hash method) は，データのキー値と格納すべき場所（配列における添え字）を関連づけることにより，キー値から直接，格納場所を決定することを試みる方法である. ちなみにハッシュ法におけるハッシュという言葉は，ハヤシライスのハヤシの語源であり，ハッシュドビーフなどに見られるように「細かく切る」あるいは「めちゃくちゃにする」という意味がある.

　ハッシュ法では，対象データのキー値を一定の規則に従って格納場所を表す値に変換し，その値を使って検索・格納・削除を行う. キー値から格納場所（配列における添え字）を求める関数をハッシュ関数と呼び，その関数により得られる値をハッシュ値と呼ぶ. ハッシュ関数は，キー値からハッシュ値を求めるための一種の写像関数であるが，キー値の範囲を格納場所（添え字）として使える一定の値の範囲に圧縮するという役割を持つ. また，ハッシュ関数が複雑になりすぎるとそのための計算コストが大きくなり，データ比較のコスト削減の意味が薄れてしまうので注意が必要である.

　ハッシュ法では，キー値に対応する値をすばやく参照するためハッシュテーブル (hash table) を利用する. ハッシュテーブルは，キーをもとに生成されたハッシュ値を添え字とした配列であり，格納場所に該当するハッシュ値にどんなデータが保存されているのかを一覧として保持している. また，ハッシュ表の各要素をバケット (bucket) と呼ぶ.

　ハッシュ法では，膨大なデータを限定された範囲のハッシュ値に割り当て

るため，複数のキー値が同じハッシュ値を持つという問題が避けられず，格納すべきバケットが重複するという現象が生じる．ハッシュ法では，この現象を衝突 (collision) と呼び，下記に示すチェイン法やオープンアドレス法といった方法によりこの問題を解決している．

チェイン法 (chaining)　オープンハッシュ法 (open hashing)，直接チェイニングとも呼ばれる．オープンハッシュ法では，同一のハッシュ値に複数のバケットが入るようにするため線形リストを利用する．具体的には，図 3.13 に示すように同一のハッシュ値を持つバケットを鎖（チェイン）上に線形リストで連結することで，同一ハッシュ値への複数バケット割り当てを実現している．

オープンアドレス法 (open addressing)　クローズドハッシュ法 (closed hashing) とも呼ばれる．同じハッシュテーブル内の空きバケットを新たに探し，そこにデータを格納する．この新たに格納するバケットを探す操作を再ハッシュ（別名リハッシュ (rehashing)）と呼び，空きバケットが見つかるまで繰り返すのが一般的である．最も単純な再ハッシュ方法として，求まるキーが見つかるまたは空のバケットに出会うまで隣に移動する方法がある．

ここでは，ハッシュ法およびこの衝突について理解を深めるため，要素数13 のうち先頭 10 個にソート済みデータが格納されている，下記に示す配列 X に対してハッシュ法を適用することを考える．

<u>配列 X</u>

0	1	2	3	4	5	6	7	8	9	10	11	12
5	6	14	20	29	34	37	51	69	75			

この配列 X に対して 13 で割った剰余を求め，その値をハッシュ値として用いた場合のハッシュテーブルを下記に示す ($H(x) = x \bmod 13$).

0	1	2	3	4	5	6	7	8	9	10	11	12
-	14	-	29	69	5	6	20	34	-	75	37	51

上記の例では，配列 X の各要素の値をキー値として利用し，ハッシュテーブルの添え字はハッシュ値に対応している．この例ではハッシュ関数として

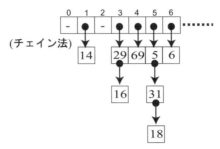

図 **3.13** チェイン法によるハッシュの概念図

「13で割った剰余」を利用しているためハッシュ値は0から12となり,ハッシュテーブルには13個のバケットが用意されている.例えば,ハッシュテーブルの2つ目のバケット(添え字「1」)に格納されている "14" は,14を13で割った余りは "1" となるため,このバケット(添え字「1」)に格納されている.

　ここで,上記のハッシュテーブルに新しいデータとして "18" を追加することを考える.この例では,"18" を13で割った剰余がハッシュ値となるため "18" は添え字「5」のバケットに格納されることになる.しかしながら,添え字「5」にはすでにデータ "5" が格納されているため,衝突が生じる.ここで,チェイン法とオープンアドレス法による衝突回避について考察する.

チェイン法を用いた場合

　チェイン法では,線形リストにより同一ハッシュ値への複数バケット割り当てを実現している.図3.13の例では,すでに複数データが格納されている添え字「5」に紐付けられたノード(バケット)の末尾に追加される形で "18" がつながれている様子がわかる.チェイン法では,13個のバケットに対してそのリストの先頭ノードポインタを登録し,そのバケットに該当する検索が求められたときにはノードポインタをたどることによりデータの検索を行う.

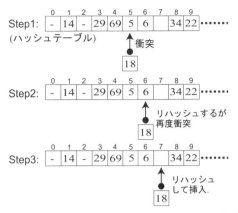

図3.14 オープンアドレス法によるハッシュの概念図

オープンアドレス法を用いた場合

　オープンアドレス法では，データが衝突した場合，再ハッシュにより別の空いている場所（バケット）を探す．最も単純な隣を試すという再ハッシュ[10]を適用した場合の概念図を図3.14に示す．図3.14では，"18"を添え字「5」のバケットに保管しようとするものの衝突が生じ，その隣である添え字「6」，さらに衝突が続くためその隣である添え字「7」へと移動している様子が示されている．オープンアドレス法では，このように空きバケットが見つかるまで再ハッシュが繰り返されることとなる．

　オープンアドレス法を採用した場合注意すべきこととして，探索および削除の際に該当するハッシュ値のバケットを確認するだけでは十分ではないという点があげられる．これは，衝突が生じた際に本来，格納されるべき場所ではないバケットにデータが格納されている可能性があるためである．そのため，各バケットでは同一ハッシュ値のデータが他バケットに格納されているかどうかを判定する属性を与え，その属性値も考慮して判断する必要がある．

---

10) 線形探索法 (linear probing) と呼ばれる.

3.5 再帰的アルゴリズム

関数における再帰的呼び出しとは，ある関数 A の内部で自分自身（関数 A）を呼び出しての処理を繰り返すことを意味する[11]．そのため，呼び出された関数 A の中ではさらに関数 A が呼び出され，その中でさらに…，となる．繰り返しという意味では，for 文や while 文と似た処理といえるが，繰り返し回数が事前にわからないような場合には非常に有効であり，プログラムが短くよりシンプルな形で記述できるという利点を持っている．

3.5.1 再帰の仕組み

再帰の仕組みを理解する例として，整数値の階乗値を求める問題を考える．整数 n の階乗は以下のように再帰的に定義することができる．

階乗 $n!$ の定義（n は非負）

a) $0! = 1$

b) $n > 0$ ならば $n! = n \times (n-1)!$

上記の定義に基づく Python プログラムを次に示す．

階乗を再帰的に求める関数

行番号　プログラム

```
1      def factorial(n: int) -> int:
2          if n > 0:
3              return n * factorial(n - 1)
4          else:
5              return 1
6
7      if __name__ == '__main__':
8          n = int(input('n の階乗（整数 n を入力）：'))
9          print(f'{n}の階乗：{factorial(n)}')
```

---

[11] 再帰的とは，それが自分自身を含んでいたりそれを用いて定義されているもののことである．再帰的定義については，p. 21 参照のこと．

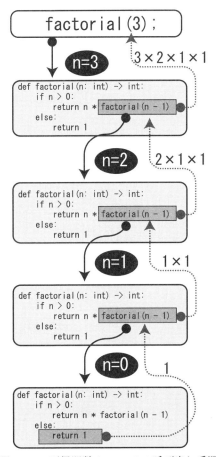

図 3.15　再帰関数 factorial の呼び出し手順

　関数 factorial は，引数 n として受け取った値が 0 よりも大きければ，$n * \text{factorial}(n-1)$ の値を返し，そうでなければ "1" を返す関数となっている．

　関数呼び出し factorial(3) が実行された際のプロセスを図 3.15 に示す．

　図 3.15 からわかるように，再帰関数 factorial では引数として 0 を受け取るまで自己関数 factorial を呼び続ける．引数として 0 を受け取るとそこから，逆に戻る形で値を順々に返していく．図中の例では，factorial(3) の結果

として factorial(0)×1 × 2 × 3 が返され，階乗値 6 が得られている様子がわかる．このような呼び出しは，再帰関数呼び出し (recursive function call) と呼ばれる．

ただし，再帰関数呼び出しを「"自分自身の関数" を呼び出す」と誤解してはいけない．図 3.15 からわかるように，factorial(n) の中で factorial(n) が呼びだされている訳ではなく factorial($n - 1$) という別の引数を持つ自分と同じ関数が呼び出されている．

3.5.2　ユークリッド互除法

2つ目の例として，ユークリッド互除法 (Euclidean algorithm) をとりあげる．ユークリッド互除法は紀元前 300 年頃に記された最古のアルゴリズムであり，2つの自然数の最大公約数を求める手法の1つである．

ユークリッド互除法は，2つの自然数 P, Q について，P を Q で割ったときの商を x，その余り（剰余）を r とすると，「P と Q の最大公約数」は，「Q と r の最大公約数」に等しいという定理に基づき，割り算の分母にあたる除数と剰余の置き換えを逐次的に繰り返すことで最大公約数を求める．自然数 P, Q の例では，Q を r で割った剰余 r'，r をその剰余 r' で割った剰余 r'' のように，剰余を求める計算を繰り返すといずれ剰余が 0 となり，そのときの除数が自然数 P, Q の最大公約数となる．

直感的な理解が難しいユークリッド互除法は，下記のような幾何学問題に置き換えて考えることができる．

> 「長方形を余りの出ないように正方向で埋め尽くす」．そのようにできる正方形の最大の辺の長さを求めよ．

上記の定義では，長方形の縦と横の長さを2つの変数の値として扱い，長方形を余りが出ないように埋めることのできる正方形の辺の長さを最大公約数としている．22 と 8 を例に互除法の概念図を図 3.16 に示す．

図 3.16 からわかるように，互除法では長方形の大きい方の辺を小さい方の辺で割り（図中の (a)），次に小さい方の値と剰余に対して同様の割り算を割り切れて剰余が 0 となるまで繰り返す（図中の (b)〜(d)）ことにより，最

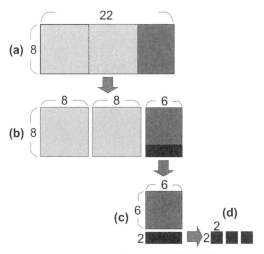

図 **3.16**　互除法による最大公約数

大の正方形（最大公約数）を求めている.

　なぜこのように求めた正方形が「最大公約数の算出」と関連するかというと，余りに当たる長方形を埋める正方形は，もとの長方形も必ず埋めることができる，つまり，このように求めた正方形の長さはもとの長方形の各辺を必ず割り切ることができる（正方形の大きさは長方形の各辺の公約数になっている）ためである.

　この繰り返し操作を手続き的に述べると，2つの整数 x と y が $x \geq y \geq 0$ であるとき，x を y で割った余り z が 0 であれば y が最大公約数，0 でなければ x に y，y に z を代入して計算を繰り返すということになる. この考えを再帰的プログラムで記述したものを次頁に示す.

整数値 x，y の最大公約数を返却する関数

行番号　プログラム

```
1       def gcd(x: int, y: int) -> int:
2           if y == 0:
3               return x
4           else:
5               return gcd(y, x % y)
```

　上記の再帰プログラムでは，被除数にあたる第1引数と除数にあたる第2引数を，もとの2つの整数の除数と剰余で置き換えるという再帰が行われている．

3.5.3　再帰の危険性

　再帰は非常に便利で強力な手法であるが，通常の処理に比べ解析が難しく思わぬミスが入り込む危険性を有している．最も典型的な失敗は，プログラムが永久に停止しない，いわゆる無限ループ状態に陥ることである．for文やwhile文と同じように，再帰でも確実に**"繰り返しの終わり"がくるようにする必要がある**．

　また，「終了条件に達するまで，"自分と同じ関数"を呼び出し続ける」という性質上，再帰呼び出しは呼び出すごとにそのコンピュータのメモリリソースを消費し，与えられたデータのサイズによってはリソース不足により不正終了する場合もある．関数呼び出しのオーバーヘッドの問題のため，一般に再帰呼び出しを利用したプログラムは再帰を用いない場合に比べて動作速度が遅くなる傾向がある．

3.6　ソートアルゴリズム

　アルゴリズムにおける最も代表的な例は，ソートアルゴリズム (sort algorithm) である．ソートとは，与えられたデータ集合に対して，キーとなる項目の大小関係に基づいて一定の順序に並び替えることを意味する．例えば，学籍番号順であれば学籍番号がキーとなり，背の順番といった場合には

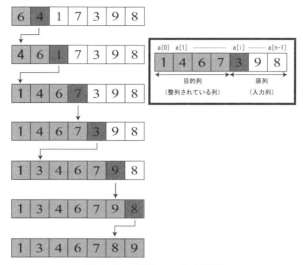

図 3.17 挿入ソートの手順

身長がキーとなる.

　ソートのためのアルゴリズムには様々な方法が考案されており，それぞれ特徴が異なる．ここでは，ソートにかかる計算量（オーダー）に注意しながら挿入ソート，クイックソートの2つのソートアルゴリズムについて見ていく.

3.6.1 挿入ソート

　挿入ソート (insertion sort) は，数あるソートアルゴリズムのなかでも最もシンプルなアルゴリズムの1つである．挿入ソートは，着目要素を1つずつずらしていき，適当な位置へ挿入するという操作によりソートを行うアルゴリズムであり，トランプの手札カードを並べ替える方法を思い浮かべるとよい.

　挿入ソートの手順を図3.17に示す．図3.17では，数字列を先頭から順に着目していき，着目している場所より前の整列されている数字列の適当な位置へ挿入するという操作の繰り返しが示されている.

　この挿入ソートのPythonによるプログラム例を次頁に示す.

挿入ソートプログラム
行番号　プログラム

```
1        def insertionSort(A):
2            for i in range(1, len(A)):
3                tmp = A[i]
4                j = i-1
5                while j >=0 and tmp < A[j] :
6                        A[j+1] = A[j]
7                        j -= 1
8                A[j+1] = tmp
```

　このプログラムでは，配列 A に対して添え字 i を 1 から始めて，1つずつ増加させながら，$A[i]$ を取り出しそれを目的列の適当な位置に挿入するという操作を繰り返している．「適当な位置への挿入」方法としては，着目要素をその値より小さな要素に出会うまで1つ左側の要素への代入操作を繰り返すことにより実現している．

　なお，挿入ソートはソート済みのデータ集合に対して $O(n)$ の最良実行時間でソートを行い，逆順にソートされたデータ集合に対して最悪の実行時間 $O(n^2)$ となり，一般に平均として $O(n^2)$ の計算時間であることが知られている．

3.6.2　クイックソート

　クイックソート (quick sort) は，1960 年に C. A. R. Hoare により考案された最も高速かつ最も有名なソートアルゴリズムの1つである．クイックソートの原理は，配列の小さな要素と大きな要素に分割し，それぞれの配列の中で同様の分割を再帰的に行うことに基づいている．主なプロセスを以下に示す．

Step1.　　配列の要素を1つ選択し，ピボットとする[12]．
Step2.　　ピボット要素の値未満のグループ（小さいグループ）と値以上の

[12) ピボット (pivot) は，中心，軸という意味を持ち，枢軸と訳される．

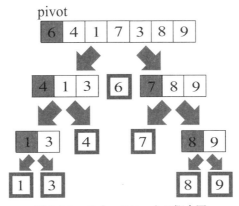

図 **3.18**　クイックソートの概念図

　グループ（大きいグループ）に分割.

Step3.　　分割された個々のグループで Step1〜3 を再帰的に行う.

　クイックソートの手順を示したものを図 3.18 に示す. 図からわかるように, クイックソートでは, ピボット未満, ピボット以上のグループへの分割を繰り返すことにより, 徐々に要素の並びを整えている. なお, 図中ではピボットの決め方として, 配列グループの先頭を用いているが, どのような決め方でも構わない. ただし, ちょうど半々にグループが分割するようなピボットが理想的となり, このピボット選択の重要性については後で説明する.

　上述のプロセスからわかるようにクイックソートは,「グループの分割」と「自身の再帰的呼び出し」の 2 つの操作に基づいて行われる. 以下,「グループの分割」について説明を行い, 実際のクイックソートのプログラムについて見ていく.

グループの分割

　配列をピボット未満, ピボット以上のグループへ分割する方法について考える. いま, ピボット以上の要素は配列の右側にピボット未満の要素は配列の左側に移動させたいものとする. そのためには, 左端から見てピボット未

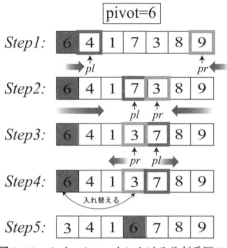

図 3.19　クイックソートにおける分割手順の例

満ではない要素と右端から見てピボット以上でない要素を探し出しお互いに
交換すればよい．この考えに基づいてグループ分割している例を図 3.19 に
示す．

　図 3.19 では配列の両端の要素の添え字として *pl* を左カーソル，*pr* を右
カーソルとして表しており，*pl* より左側にピボット未満の要素を集め，*pr* よ
り右側にピボット以上の要素を集めている．

　図 3.19 について各 Step ごとに説明する．まず，Step1 においては下記の
操作を行っており，その結果が Step2 となっている．

- a[*pl*] > *x* が成立する要素が見つかるまで右へと走査
- a[*pr*] <= *x* が成立する要素が見つかるまで左へと走査

　ここで，左右のカーソルが指す要素 a[*pl*] と a[*pr*] の値を交換する (Step3)．
再び，走査を続けると Step4 のようなカーソルが交差した状態 (*pl* > *pr*) とな
る．この状態においてピボットと a[*pr*] を入れ替えると Step5 の状態となる．
このとき，配列は真ん中にピボットを挟み下記のように分割されている．

左グループ　ピボット未満グループ：a[0], ..., a[*pr* − 1]

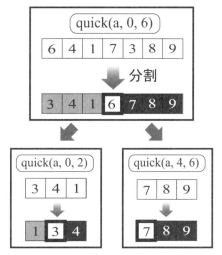

図 3.20　分割とクイックソート呼び出しの関係

右グループ　ピボット以上グループ：$a[pr+1], \ldots, a[n-1]$

クイックソートプログラム

　上記のグループ分割を利用したクイックソートプログラムの概念図を図 3.20 に示す．クイックソートでは，配列の分割を行う関数 quick を再帰的に呼び出すことで，全体のソートを実現している．具体的には，まず関数 quick によりグループ分割を行い，その後，左側・右側グループそれぞれにおいて再帰的に関数 quick を呼び出す．これを要素が 1 になるまで繰り返すことで配列全体のソートを実現している．

　クイックソートの優れた点の 1 つは，分割後にはピボットが必ず正しい順番に位置していること，また分割の過程で配列の要素が自然と正しい順番に位置するようアルゴリズムが設計されている点である．通常，トップダウン的に処理を行った場合，ボトムアップ的に結果をまとめあげる作業が必要になる．しかしクイックソートでは，トップダウン処理の過程で配列の要素は正しい順番に位置するためこのまとめあげ作業が必要ない．これがクイックソートが他のソートアルゴリズムに比べ高速な理由の 1 つである．

ピボットの選択

　ここでピボット選択について触れておく．ピボットの選択方法に規則はなく，配列の左端，中央，右端など，どの要素をピボットとして選択してもよい．ただし，理想的にはちょうど半々にグループが分割するような中央値をピボットとして選ぶべきである．

　もし，1つとその他というグループ分けを行うピボットを選び続けた場合には，計算量は最悪となり $O(N^2)$ となる．逆にちょうど半々にグループが分割するようなピボットを選んだ場合，最良の計算量 $O(N \log N)$ となる．一般的には，平均として $O(N \log N)$ の計算量であることが知られている．

　しかしながら，ちょうど真ん中の中央値を求めるにはある程度の計算処理が必要となり，クイックソートの高速性が犠牲となるリスクがある．そのため，中央値の近似値を簡易的に求める下記のような方法がよく用いられる．

> 　分割すべき配列の要素数が3以上であれば，先頭の要素，中央の要素，末尾の要素の3値の中央値を持つ要素をピボットとして用いる．

3.6.3 ソートの安定性について

　最後にソートアルゴリズムにおける安定性について説明する．ソートの安定性とは，「比較基準の値が同じになる要素が複数存在した場合，ソート前とソート後でその順番が保存される」ということを意味する [2]．この順番が保存されるソートを**安定なソート**，保存されないソートを**不安定なソート**と呼ぶ．

　例として，人名リストを50音順にソートするために，まず「名」でソートし，続いて「姓」でソートを行うような場合を考える．図3.21に示すように，安定なソートであれば，同じ「姓」の部分を見たとき，ちゃんと「名」が50音順に並んだリストを得ることができる（最初に「名」で並べた位置関係が変更されない）．一方，不安定なソートでは，同じ「姓」の人の中において，「名」が50音順に並ばなくなる．これは，不安定なソートでは，同じ「姓」の人の順番が維持されないため，「名」でソートしておいた順番の情報が失われてしまうためである．

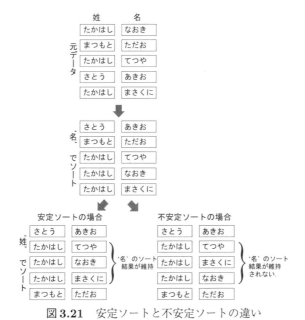

図 **3.21** 安定ソートと不安定ソートの違い

このように，ソートを適用する際には，対象データにおいてソートの安定性が求められるかを確認し，その必要性がある場合には安定なソートを行うアルゴリズムを用いる必要がある．ちなみに，本章で紹介した挿入ソートは「安定なソート」であるのに対して，クイックソートは「不安定なソート」である．

しかしながら，「不安定なソート」アルゴリズムの方が高速であることも多く，安定性が求められる問題においても「不安定なソート」を適用したいという場合も起こりえる．その場合，例えば上述の人名リストの例では，「姓」でソートする際の基準に "もし，同じ「姓」であれば「名」の大小に基づいて比較する" といった基準を追加するなどの工夫を加えることで，この問題を解決することができる．

演習問題

演習 3.1. 次の計算量 $T(n)$ について，そのオーダーを求めなさい．

1. $T(n) = 2n^3 + n$
2. $T(n) = 3n^{3/2} + n \log 2^n$
3. $T(n) = n \log_2 n^2 + n^{3/2}$

演習 3.2. クイックソートにおいて，どういった場合に最悪の計算量となるのか．またその理由について答えなさい．

演習 3.3. ユークリッド互除法のアルゴリズムについて，指定された語句を用いて説明せよ．（説明に必ず含める語句：最大公約数，剰余（余り），除数，2つの自然数）

演習 3.4. 57 と 421 の最大公約数について，ユークリッド互除法を用いて求めよ．なお，必ず途中の計算についても示すこと．

演習 3.5. ソートの安定性について，指定された語句を用いて説明せよ．（説明に必ず含める語句：クイックソート，マージソート，順序関係）

演習 3.6. 再起関数のメリットとデメリットを述べよ．

演習 3.7. スタックとキューについて，以下に示す語句をすべて用いて説明せよ．（説明に必ず含める語句：LIFO (Last In First Out)，FIFO (First-In, First-Out)，後入れ先出し，先入れ先出し）

演習 3.8. 空のスタック S に対して，下記の操作を行った後の状態について答えなさい．

---

pushdown(S,a); pushdown(S,b); pushdown(S,a); popup(S); pushdown(S,c); pushdown(S,d); popup(S); pushdown(S,a); pushdown(S,b); popup(S);

演習 3.9. 空のキュー Q に対して，下記の操作を行った後の状態について答えなさい．

enqueue(Q,a);　enqueue(Q,b);　enqueue(Q,a);　dequeue(Q);　enqueue(Q,c);　enqueue(Q,d);　dequeue(Q);　enqueue(Q,a);　enqueue(Q,b); dequeue(Q);

参考文献

[1]　広瀬 貞樹：『あるごりずむ』，近代科学社
[2]　柴田 望洋：『新・明解 Python で学ぶアルゴリズムとデータ構造』，SB クリエイティブ

第4章
オートマトン

4.1 オートマトンの概要

4.1.1 基本的な考え方

オートマトン (automaton) は一般的には自動機械を意味する語であるが，情報学の分野では抽象的な機能に着目した数学的モデルを指す．ここでは，ある**入力**に対して，その**内部状態**に応じた**出力**を行うようなシステムをオートマトンと呼ぶことにする．

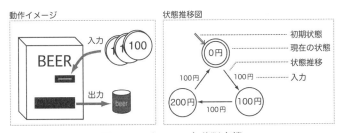

図4.1 ビールの自動販売機

オートマトンの概念を理解するために，図4.1左側に示すような自動販売機を例に考えることにする．この自動販売機は100円玉を3枚投入するとその時点でビールが出てくるという非常に簡単な仕組みのものである．当然

ビールの種類は1種類だけで，ボタンで銘柄を選ぶことはできない．100円玉以外の硬貨を受け付けることもできない．

　この自動販売機に，まずはじめに100円玉を投入する．しかしこの時点では何も起こらない．さらに100円玉を投入するが，やはり何も起こらない．そして，次に100円玉を投入すると取り出し口からビールが出てくる．このとき，同じ入力（100円玉）にもかかわらず状態によってその動作が異なることに気づくだろうか．

　この自動販売機は「いま，何枚の硬貨が投入されているか」という**内部状態**によって，その動作が決定する．内部状態は100円玉が投入されるごとに「何も入っていない（0円）」（初期状態）→「1枚入っている（100円）」→「2枚入っている（200円）」→「何も入っていない（0円）」というように変化する．そして「2枚入っている（200円）」状態のとき100円玉が投入されると，購入のための条件が満たされて商品が送出される．

　この自動販売機の動作（内部状態の変化）を，頂点に「内部状態」を，辺に「入力」をラベル付けすることによって図4.1右側に示す有向グラフで表すことができる．このような図のことをオートマトンの**状態推移図**と呼ぶ．図中の⇒は初期状態を，◎は条件が満たされた状態を意味する．このような特定の「条件が満たされた状態」のことを**受理状態**と呼ぶ．状態推移図は，対象機械の内部状態の推移をモデル化したものであり，一種の動作説明図と考えることができる．

演習 4.1. 次に示す機械の状態推移図を示せ．

1. 10円硬貨を投入して40円の切手を買う自動販売機
2. 上の問題の自動販売機で，50円硬貨も使えるようにしたとすると？（おつりは切手と一緒に適切な額が返却されるものとする）
3. コインを1枚ずつ投入して，入力されたコインの枚数が奇数のとき受理状態となる機械（奇数判定機）
4. クリックできるボタンを有し，これまでのクリック回数が3の倍数のとき受理状態となる機械（3の倍数判定機）

4.1.2 モデルの抽象化

100円玉3枚でビールを買う自動販売機の状態推移図と，演習 4.1 で描いた3の倍数判定機の状態推移図とを比べてほしい（下図参照）．

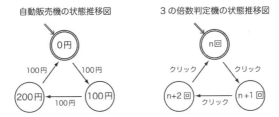

説明だけを読むとまったく異なる機能を持った装置にみえるが，実は本質的な仕組みは同じシステムであることがわかる．

つまりこれら2つの機械の状態推移は，100円玉やクリックといった入力を a とし，投入された100円玉の数やクリックの回数，つまり内部状態を q_0, q_1, q_2 とすることによって右のように表すことができる．

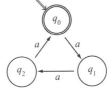

このように内部状態の推移モデルを抽象化することによって，1つのモデルでいろいろな問題を考えることができるようになる．例えば演習 4.1 の奇数判定機とトグル式スイッチは，同じ状態推移図を用いてその動作を説明することができる（⇒ 確認せよ）．

演習 4.2. 金色と銀色のコインが投入できる機械について考える．下のそれぞれの場合について状態推移図を示せ．記号を使って抽象化すること．

1. 直前に投入されたコインと異なる色のコインが投入されたとき受理状態になる．
2. 連続で3回，金色が投入されたとき受理状態になる．
3. 先着5回に限り，金色が奇数個投入された場合に受理状態になる．

演習 4.3. S, V, O, C の4つの記号を入力できる機械がある．この機械は，S→V，S→V→O，S→V→C の順に記号が入力されたときだけ受理状態

になる. この機械の状態推移図を示せ.

演習 4.4. C言語では，先頭文字が英字またはアンダースコア (_) であり，2
文字目以降は英字，アンダースコア，数字からなる文字列を変数として使え
る．英字，アンダースコア，数字，その他の記号をそれぞれ A, U, N, O で
表したとき，C言語の変数を受理する機械の状態推移図を示せ．ただし，予
約語については考えなくてよい.

4.2 形式言語

　形式言語 (formal language) は，言語の文法理論を定性的に研究するため
の数学的モデルである．ここでは形式言語を構成する基本要素と，言語の基
本的な演算である連接について説明する.

4.2.1 基本要素と演算

記号 (symbol)　記号は言語を構成する最小単位である．たとえば英文法に
ついて考える場合，S, V, O, C といった構成要素が最小単位となる.

アルファベット (alphabet)　アルファベットは記号の有限集合である．そ
の言語に含まれるすべての記号を表す．本書では記号として Σ を用いる.

語 (word)　語はアルファベットの元を重複を許して有限語並べた記号列で
ある.

　　長さ ($|w|$)　語 w を構成する記号の個数
　　空語 (ε)　$|w| = 0$ の語
　　クリーネ閉包 (Kleene closure)(Σ^*)
　　　　アルファベット Σ 上の語全体（空語も含む）の集合
　　正クリーネ閉包 (Σ^+)　$\Sigma^* - \{\varepsilon\}$

言語 (language)　アルファベット Σ 上の言語 L は $L \subseteq \Sigma^*$ であり，与えら
れた基準を満たす語の集合である．例えば $\Sigma = \{a, b\}$ 上の言語 L に含まれ

る語の基準が「末尾が b である」だった場合, $L = \{b, ab, aab, abb, \ldots\}$ $(L \subseteq \{a, b\}^*)$ となる.

連接 語 x と語 y を並べて新たな語 xy とする語に対する演算

言語の和 $L_1 + L_2 \overset{\mathrm{def.}}{\Longleftrightarrow} L_1 \cup L_2$

言語の積 $L_1 L_2 \overset{\mathrm{def.}}{\Longleftrightarrow} \{\omega \mid \omega = \alpha\beta, \alpha \in L_1, \beta \in L_2\}$ (L_1 の語と L_2 の語の連接を語とする言語)

演習 4.5. 金貨 (G) または銀貨 (S) をランダムに 1 枚ずつ投入して, 投入された金貨の枚数が奇数のとき, 受理状態になる機械について考える.

1. この機械の状態推移図を示せ.
2. この機械に入力する記号列を語と考えるとき, この語を構成するアルファベットを示せ.
3. この機械が受理する入力記号列 (語) の集合を示せ.

演習 4.6. $L_1 = \{w_1, w_2\}, L_2 = \{w_3, w_4\}, \Sigma_1 = \{a, b\}, \Sigma_1 = \{0, 1\}$ について次の問に答えよ.

1. $L_1 + L_2$ と $L_1 L_2$ の要素を示せ.
2. $\Sigma_1^* \Sigma_2$ と $\Sigma_2 \Sigma_1^*$ の要素をそれぞれ 3 つずつ挙げよ.
3. $\Sigma_1^* \Sigma_2$ と $\Sigma_1^+ \Sigma_2$ の要素の違いを説明せよ.

4.2.2 正規表現

連接, 選択, 反復で生成される語の集合を表現する手法として**正規表現** (regular expression) がある. アルファベット Σ が与えられたとき, Σ 上の正規表現は, 次に示す規則で再帰的に生成される記号列である[1].

1. Σ の任意の要素 a は正規表現である.
2. 空語 ε は正規表現である.

---

[1] 再帰的定義については, p. 20 参照のこと.

3. x と y が正規表現のとき，xy（連接），$[x|y]$（選択：x または y），$\{x\}$（反復：x の 0 回以上の繰り返し）は正規表現である．

既に述べたように言語は語の集合なので，正規表現を使って言語を表現することができる．例えば先頭が a で，2 文字目以降は 1〜3 の繰り返しという語で構成される言語は $a\{1|2|3\}$ のように表現される．

演習 4.7. 正規表現についての次の問に答えよ．

1. 次に示す正規表現がどのような語を表すか説明せよ．
   (1) $\{0\}\{1\}$ **(2)** $\{0|1\}$ **(3)** $\{0\}|\{1\}$ **(4)** $\{01\}$
   (5) $[+|-]\{1|2|3|4|5|6|7|8|9\}\{0|1|2|3|4|5|6|7|8|9\}$
2. C 言語の変数を正規表現で表せ．ただし予約語については考えなくてよい．（p. 110 演習 4.4 参照）
3. 時刻を「3:15pm」のように表すとき，このような語を正規表現で表せ．

4.3 有限オートマトン

4.3.1 決定性有限オートマトン

決定性有限オートマトン (deterministic finite automaton: DFA)[2] は最も単純な言語識別機械である．決定性有限オートマトン M は形式的に次の 5 つの要素によって定まる．

$$M = (Q, \Sigma, \delta, q_0, F)$$

Q … 状態 (state) の有限集合．

Σ … 入力記号 (input symbol) の有限集合．

δ … 状態推移関数 (state transition function)．$(\delta : Q \times \Sigma \to Q)$[3]

q_0 … 初期状態 (initial state)．$(q_0 \in Q)$

F … 受理状態 (accepting state) の有限集合．$(F \subseteq Q)$

---

[2] なお，有限オートマトンは FA と略称する．
[3] 直積 ($\times$) については，p. 10 を参照のこと．

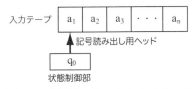

図**4.2**　有限オートマトンのイメージ

　決定性有限オートマトンは，図4.2に示すような，一本の入力テープと状態制御部を持った識別機械と考えることができる．入力テープは複数のコマに区切られていて，各コマに入力記号が1つだけ書き込まれる．状態制御部には記号読み出し用ヘッドが付いていて，ヘッド位置に書き込まれた記号を読むことができる．

　決定性有限オートマトンは次のように動作し，テープに記入された記号列（入力）を識別する．

1. 識別したい入力 $w = a_1 a_2 \cdots a_n$ を入力テープに記入して，ヘッドをテープの左端に置く
2. 状態制御部の状態を初期状態 q_0 とする．
3. ヘッド位置のコマに記入された記号を読む．
4. 読んだ記号を入力として，状態推移関数 δ によって状態を変化させる．
5. ヘッドを1つ右に移動させる
6. テープがなくなれば停止．それ以外は3へ．

停止時の状態を q_n としたとき，$q_n \in F$ ならば，決定性有限オートマトンは入力を**受理**する．

　例えば次の DFA M_{31} は図4.3に示すように動作する．

$$M_{31} = (Q, \Sigma, \delta, r, F)$$
$$Q = \{r, s, t\}, \quad \Sigma = \{a, b\}, \quad F = \{t\}$$
$$\delta(r, a) = s, \ \delta(r, b) = r, \ \delta(s, a) = t, \ \delta(s, b) = r, \ \delta(t, a) = t, \ \delta(t, b) = r$$

　最終的に M_{31} は状態 $t \in F$ で停止しており，入力 $abaa$ を受理する．

演習 4.8. 次の図は，M_{31} に bab を入力したときの状態推移を表している．

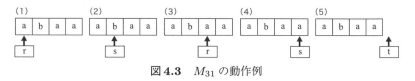

図 **4.3** M_{31} の動作例

状態制御部に各状態を記入しなさい.

オートマトンの動作を表現するために図 4.3 のような図をいちいち描いて説明するのは手間がかかる. そこでオートマトン M の 1 ステップを表す二項関係 $\vdash_M$ を次のように定義する.（$\vdash_M$ は $Q \times \Sigma^*$ 上の二項関係.）

$$(q, ax) \vdash_M (p, x) \Leftrightarrow \delta(q, a) = p \quad (a \in \Sigma, x \in \Sigma^*)$$

$\vdash_M$ の右辺，左辺を**様相**と呼ぶ. この二項関係を用いることで，初期状態から停止するまでの一連の動作を，$(q_0, a_1 a_2 \cdots a_n) \vdash_M (q_1, a_2 \cdots a_n) \vdash_M \cdots \vdash_M (q_n, \varepsilon)$ のように表現できる. 例えば図 4.3 に示す状態推移は記号 $\vdash_M$ を使って次のように書ける.

$$(r.abaa) \vdash_M (s, baa) \vdash_M (r, aa) \vdash_M (s, a) \vdash_M (t, \varepsilon)$$

括弧の中に，状態と未読み出しの記号列が記されていることに気づくだろうか. なお $\vdash_M$ は，対象としているオートマトンが明らかな場合には $\vdash$ と省略して記述することができる.

演習 4.9. 演習 4.8 の状態推移を二項関係 $\vdash$ を使って記述せよ.

このような一連の動作において，途中経過を省略しても問題ない場合，$(q_0, a_1 a_2 \cdots a_n) \vdash_M^* (q_n, \varepsilon)$ のように簡潔に示すことができる.（$\vdash_M^*$ は $\vdash_M$ の繰り返しと捉えることができる.）

有限オートマトン M によって受理されるすべての語の集合を，「M によって受理される言語」といい，$L(M)$ で表す. 例えば，M_{31} によって受理される言語，$L(M_{31})$ は次のようになる.

$$L(M_{31}) = \{\omega \mid \omega \text{ は末尾が } aa \text{ である語}\}$$

4.3.2 状態推移図

決定性有限オートマトンは $M = (Q, \Sigma, \delta, q_0, F)$ で表されるが，状態推移図 (state transition diagram) を用いると視覚的にわかりやすく表現することができる．例えば M_{31} は次のように表現される．ここで $\Longrightarrow$ で指し示した頂点は初期状態を，◎で表した頂点は受理状態を表す．

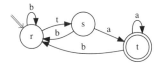

下図左のように，始点と終点が一致する2つ以上の辺がある場合，下図右のように省略して記述することとする．

演習 4.10. 次に示す DFA M_{32} について下の問に答えよ．

$$M_{32} = (Q, \Sigma, \delta, p, \{q\})$$
$$Q = \{p, q, r\}, \quad \Sigma = \{0, 1\},$$
$$\delta(p, 0) = r, \ \delta(p, 1) = q, \ \delta(q, 0) = q,$$
$$\delta(q, 1) = q, \ \delta(r, 0) = r, \ \delta(r, 1) = r$$

1. M_{32} を状態推移図で表せ．
2. M_{32} が受理する語と受理しない語の例をそれぞれ3つ示せ．
3. M_{32} が受理する語を正規表現で示せ．

4.3.3 非決定性有限オートマトン

決定性有限オートマトンの場合，現在の状態と入力が決まると，次のステップの状態がただ1つだけ決定した ($\delta : Q \times \Sigma \to Q$)．これに対して，同じ状態，同じ入力に対して次のステップの状態を複数とりうるように拡張したのが**非決定性有限オートマトン** (non-deterministic finite automaton:

NFA) である.

NFA も DFA 同様,次に示す5つの要素によって定義される.

$$M = (Q, \Sigma, \delta, q_0, F)$$

ただし状態推移関数 δ が $Q \times \Sigma \to 2^Q$ の形をとる[4]. 例として次の NFA M_{33} について考える.

$$M_{33} = (Q, \Sigma, \delta, r, \{t\})$$
$$Q = \{r, s, t\}, \quad \Sigma = \{a, b\},$$
$$\delta(r, a) = \{r, s\}, \quad \delta(r, b) = \{r\} \quad, \delta(s, a) = \{t\},$$
$$\delta(s, b) = \emptyset, \quad \delta(t, a) = \emptyset, \quad \delta(t, b) = \emptyset$$

δ の右辺が状態の集合になっている点に注意してもらいたい.これは集合の要素のうちどの状態に推移してもよいことを意味する.状態が r で a が入力された場合には,状態 r と s のいずれにも推移できる.また右辺が $\emptyset$ の場合はどの状態にも推移できない(通常,この δ の記述は省略される).例えば状態 t で a が入力された場合には,どの状態にも推移することができないため M_{33} は停止する(受理されない).

NFA の状態推移図は基本的に DFA の状態推移図と同じであるが,1つの頂点から同じラベルを持つ辺が2つ以上存在する場合があるという点が異なる.また推移先が空集合 ($\emptyset$) の場合には辺は省略される.例えば M_{33} の状態推移図は次のようになる.

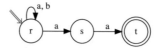

M_{33} に baa を入力した場合の状態推移について考える.

1. $(r, baa) \vdash_{M_{33}} (r, aa) \vdash_{M_{33}} (r, a) \vdash_{M_{33}} (r, \varepsilon)$ (受理しない)
2. $(r, baa) \vdash_{M_{33}} (r, aa) \vdash_{M_{33}} (r, a) \vdash_{M_{33}} (s, \varepsilon)$ (受理しない)
3. $(r, baa) \vdash_{M_{33}} (r, aa) \vdash_{M_{33}} (s, a) \vdash_{M_{33}} (t, \varepsilon)$ (受理する)

---

[4] 2^Q については p.9 を確認のこと.

このように同じ入力に対しても**推移の選択の仕方によって停止したときの状態が異なる**. NFA では,**受理状態で停止する推移の選択が 1 つでもあれば受理する**とする.

演習 4.11. 次の NFA が受理する語を正規表現で表せ.

1. M_{33} (p. 116 参照)
2. $M_{34} = (Q, \Sigma, \delta, q_0, \{q_1\})$

$$Q = \{q_0, q_1\}, \quad \Sigma = \{a, b\},$$
$$\delta(q_0, a) = \{q_0\}, \ \delta(q_0, b) = \{q_1\}, \ \delta(q_1, a) = \{q_1\}$$

4.3.4 空動作をもつ NFA

状態推移関数を $\delta : Q \times (\Sigma \cup \{\varepsilon\}) \to 2^Q$ に拡張した NFA を ε-NFA と呼ぶ. ε-NFA は,外部からの入力なしの状態推移を許したシステムモデルと考えることができる.

空動作 $\delta(p, \varepsilon) = q$ は,状態推移図では右のように記述する.

例えば次に示す M_{35} は,空語による状態推移 $\delta(p, \varepsilon) = \{q, r\}$ が存在することから ε-NFA である.

$$M_{35} = (Q, \Sigma, \delta, p, \{q, r\})$$
$$Q = \{p, q, r\}, \quad \Sigma = \{0, 1\},$$
$$\delta(p, \varepsilon) = \{q, r\}, \quad \delta(q, 0) = \{q\}, \quad \delta(r, 1) = \{r\}$$

演習 4.12. M_{35} を状態推移図で表せ.

M_{35} の初期状態は p であるが,$\delta\{p, \varepsilon\} = \{q, r\}$ という空動作によって,入力を 1 つも読まずに状態 q, r に推移することができる. 例えば M_{35} に 00 と 11 を入力した場合,それぞれ次のように状態が推移する.

「00」を入力した場合: $(p, 00) \vdash_{M_{35}} (q, 00) \vdash_{M_{35}} (q, 0) \vdash_{M_{35}} (q, \varepsilon)$

「11」を入力した場合: $(p, 11) \vdash_{M_{35}} (r, 11) \vdash_{M_{35}} (r, 1) \vdash_{M_{35}} (r, \varepsilon)$

これからわかるように，状態 p, q, r のすべてを実質的な初期状態と考えることができる.

演習 4.13. 次の ε-NFA が受理する語を正規表現で表せ.

1. M_{35} （p. 117 参照）

2. $M_{36} = (Q, \Sigma, \delta, q_0, \{q_2\})$

$$M_{36} = (Q, \Sigma, \delta, q_0, \{q_2\})$$
$$Q = \{q_0, q_1, q_2\}, \quad \Sigma = \{a, b, c\},$$
$$\delta(q_0, a) = \{q_0\}, \quad \delta(q_0, \varepsilon) = \{q_1\}, \quad \delta(q_1, b) = \{q_1\},$$
$$\delta(q_1, \varepsilon) = \{q_2\}, \quad \delta(q_2, c) = \{q_2\}$$

3. $M_{37} = (Q, \Sigma, \delta, q_0, \{q_f\})$

$$Q = \{q_0, q_1, q_2, q_3, q_4, q_5, q_f\}, \quad \Sigma = \{X, [,], /\},$$
$$\delta(q_0, [) = \{q_1\}, \quad \delta(q_1, \varepsilon) = \{q_2, q_3\}, \quad \delta(q_2, X) = \{q_2\},$$
$$\delta(q_2, /) = \{q_1\}, \quad \delta(q_3, [) = \{q_4\}, \quad \delta(q_4, X) = \{q_4\},$$
$$\delta(q_4,]) = \{q_5\}, \quad \delta(q_5, /) = \{q_1\}, \quad \delta(q_1,]) = \{q_f\}$$

4.3.5 (ε-) NFA は DFA を超えない

ε-NFA は NFA の拡張であり，また NFA は DFA の拡張であることから，その識別能力は ε-NFA $\geq$ NFA $\geq$ DFA と思われがちである．しかし実際にはこれらのオートマトンは同等であり，ある言語を識別する (ε-) NFA があれば，同じ言語を処理する DFA が必ず存在する[5]．

定理 4.1. 任意の NFA $M = (Q, \Sigma, \delta, q_0, F)$ に対して，それと同等な DFA $M' = (Q', \Sigma, \delta', q_0', F')$ が存在する.

証明 DFA $M' = (Q', \Sigma, \delta', q_0', F')$ を次のように構成する.

$$Q' := 2^Q, \quad q_0' := \{q_0\}, \quad F' := \{q' \in Q' \mid q' \cap F \neq \emptyset\},$$
$$\delta'(q', a) := \delta(q', a) \quad (q' \in Q', a \in \Sigma).$$

---

[5] FA が受理する言語のクラスは，正規表現で表すことができる言語のクラスと等しい.

状態 s で入力 w を読み始め，すべての入力を読み終わったときの状態を $\delta^*(s, w)$ としたとき[6]，任意の $x \in \Sigma^*$ に対して，$\delta'^*(q_0', x) = \delta^*(q_0, x)$ が成り立つことを示せばよい（つまり，M, M' それぞれの初期状態から同じ語 x を入力したときに行き着く先が同じであることを示す）．これは帰納法[7] で証明できる．

$|x| = 0$ のとき（$x = \{\varepsilon\}$ のとき），

$$\delta'^*(q_0', \varepsilon) = q_0' \tag{4.1}$$
$$= \{q_0\} \tag{4.2}$$
$$= \delta^*(q_0, \varepsilon) \tag{4.3}$$

で成立．

$|x| \geq 1$ のとき，$\delta'^*(q_0', y) = \delta^*(q_0, y)$ が成立すると仮定する．$x = ya$ とおくと，

$$\delta'^*(q_0', x) = \delta'^*(q_0', ya) \tag{4.4}$$
$$= \delta'(\delta'^*(q_0', y), a) \tag{4.5}$$
$$= \delta'(\delta^*(q_0, y), a) \tag{4.6}$$
$$= \delta(\delta^*(q_0, y), a) \tag{4.7}$$
$$= \delta^*(q_0, ya) \tag{4.8}$$
$$= \delta^*(q_0, x) \tag{4.9}$$

よって，$L(M') = L(M)$. □

アルゴリズム 4.1 $(\varepsilon\text{-})$ NFA M_n から DFA M_d を構成する．

1. M_n において初期状態から入力を読まずに推移できる状態の集合に対応して，M_d の状態を新しく作り，初期状態とする．

2. M_d の新しく作られた状態 q_d について，各入力記号 $a \in \Sigma$ における状態推移を次のように作る．
   q_d が M_n の状態集合の部分集合 $\{p_1, p_2, \ldots, p_k\}$ に対応するとしたと

---

[6] つまり，$(s, w) \vdash^* (s', \varepsilon)$ としたとき，$s' = \delta^*(s, w)$.
[7] 帰納法については p. 19 参照のこと．

き，$\delta_d(q_d, a)$ を $\delta_n(p_1, a) \cup \delta_n(p_2, a) \cup \cdots \cup \delta_n(p_k, a)$，および，これらの状態から入力記号を読まずに推移できる状態の集合に対応する状態とする．

もしこれらの状態がまだ作られていないときは，それに対応する状態を新しく作り，もう一度 2 を実行する．

3.　M_n の受理状態を 1 つでも含む部分集合に対応する状態を，M_d の受理状態とする．

例えば M_{35} (p. 117) と同じ言語を受理する DFA M'_{35} は次のように生成できる．

1.　M_{35} は入力を読まずに p, q, r に推移できる．そこで，M'_{35} の状態 $q_0' = \{p, q, r\}$ を新たに作り，初期状態とする．

2.　$q_0' = \{p, q, r\}$ から入力 0 の推移：$\delta(p, 0) = \emptyset, \delta(q, 0) = q, \delta(r, 0) = \emptyset$，$\varepsilon$-推移なしなので，$\underline{\delta'(\{p, q, r\}, 0) = \{q\}}$．
$q_0' = \{p, q, r\}$ から入力 1 の推移：$\delta(p, 1) = \emptyset, \delta(q, 1) = \emptyset, \delta(r, 1) = r$，$\varepsilon$-推移なしなので，$\underline{\delta'(\{p, q, r\}, 1) = \{r\}}$．
M'_{35} の状態 $\{q\}$ と $\{r\}$ を新たに作る．

$\{q\}$ から入力 0 の推移：$\delta(q, 0) = q$ なので，$\underline{\delta'(\{q\}, 0) = \{q\}}$
$\{q\}$ から入力 1 の推移：$\delta(q, 1) = \emptyset$ なので，$\underline{\delta'(\{q\}, 1) = \emptyset}$
$\{r\}$ から入力 0 の推移：$\delta(r, 0) = \emptyset$ なので，$\underline{\delta'(\{r\}, 0) = \emptyset}$
$\{r\}$ から入力 1 の推移：$\delta(r, 1) = r$ なので，$\underline{\delta'(\{r\}, 1) = \{r\}}$
M'_{35} の状態 $\emptyset$ を新たに作る．

$\emptyset$ から入力 0 の推移：$\delta(\emptyset, 0) = \emptyset$ なので，$\underline{\delta'(\emptyset, 0) = \emptyset}$
$\emptyset$ から入力 1 の推移：$\delta(\emptyset, 1) = \emptyset$ なので，$\underline{\delta'(\emptyset, 1) = \emptyset}$

3.　$\{\{p, q, r\}, \{q\}, \{r\}\}$ を受理状態とする．

$M'_{35} = (Q', \Sigma, \delta', \{p, q, r\}, \{\{p, q, r\}, \{q\}, \{r\}\})$

$Q' = \{\{p, q, r\}, \{q\}, \{r\}, \emptyset\}, \quad \Sigma = \{0, 1\}$
$\delta'(\{p, q, r\}, 0) = \{q\}, \ \delta'(\{p, q, r\}, 1) = \{r\}, \ \delta'(\{q\}, 0) = \{q\},$
$\delta'(\{q\}, 1) = \emptyset, \ \delta'(\{r\}, 0) = \emptyset, \ \delta'(\{r\}, 1) = \{r\}, \ \delta'(\emptyset, 0) = \emptyset,$

$$\delta'(\emptyset, 1) = \emptyset$$

演習 4.14. 有限オートマトンに関する次の問に答えよ.

1. M'_{35} と M_{35} が同じ言語を受理することを確かめよ.
2. M_{33} (p. 116) と同じ言語を処理する DFA の状態推移図を表せ.
3. M_{36} (p. 118) と同じ言語を処理する DFA の状態推移図を表せ.
4. 下に示す ε-NFA M が受理する言語を正規表現で示せ. また同じ言語を処理する DFA の状態推移図を表せ.

$$M = (Q, \Sigma, \delta, q_0, \{q_1\})$$
$$Q = \{q_0, q_1, q_2\}, \quad \Sigma = \{a, b\}$$
$$\delta(q_0, a) = \{q_1\}, \ \delta(q_1, b) = \{q_2\}, \ \delta(q_1, \varepsilon) = \{q_0\}, \ \delta(q_2, a) = \{q_1\}$$

5. 下に示す ε-NFA M が受理する言語を正規表現で示せ. また同じ言語を処理する DFA の状態推移図を表せ.

$$M = (Q, \Sigma, \delta, q_0, \{q_2\})$$
$$Q = \{q_0, q_1, q_2\}, \quad \Sigma = \{a, b\}$$
$$\delta(q_0, a) = \{q_1\}, \quad \delta(q_1, a) = \{q_1\}, \quad \delta(q_1, b) = \{q_1, q_2\}$$

4.3.6 有限オートマトンの最小化

次に示す DFA M_{38} と M'_{38} はそれぞれどんな言語を受理するだろうか.

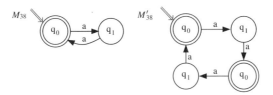

少し考えればわかるように, これら 2 つの DFA は同じ言語 ({aa}) を受理する. M'_{38} は M_{38} よりも状態数が多いことから冗長な表現であるといえる. 次に示すアルゴリズムで, このように冗長な DFA と同じ言語を受理する最小の DFA を構成することができる.

アルゴリズム 4.2 DFA M_d から，同じ言語を受理する最小の DFA M_s を構成する．

1. M_d の状態を，受理状態のグループと非受理状態のグループとに分ける．
2. 各グループの状態について，各入力における推移先が，同じグループにいくものと，そうでないもののグループに分ける．どのグループもこれ以上分けられなくなるまでステップ2を繰り返す．
3. 各グループを M_s の1つの状態に対応させ，各入力における状態推移を加えて M_s を作る．
4. M_d の q_0 を含むグループを M_s の q_0 とする．M_d の受理状態を含むグループを M_s の受理状態とする．

例えば M'_{38} から M_{38} は次のように生成できる．

1. 受理グループ $gr_1 = \{q_0, q_2\}$，非受理グループ $gr_2 = \{q_1, q_2\}$ とする．
2. gr_1 の状態 q_0, q_2 は入力 a でともに gr_2 に推移するので，これ以上分けられない．同様に gr_2 の状態 q_1, q_3 も入力 a でともに gr_1 に推移するのでこれ以上分けられない．
3. 各グループに対応した状態を作り，状態推移を加える．
4. M_{38} の初期状態 q_0 を含む gr_1 を M'_{38} の初期状態とする．M_{38} の受理状態 q_0 を含む gr_1 を M'_{38} の受理状態とする．

演習 4.15. 下図に状態推移図を示す有限オートマトンと同じ言語を受理する最小の DFA を生成せよ．

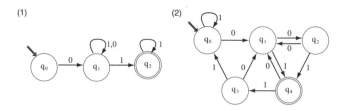

(1)　(2)

4.4 プッシュダウンオートマトン

4.4.1 有限オートマトンの限界

まず言語 $L_{41} = \{w_1w_2 \mid w_1 \in \{a\}^+, w_2 \in \{b\}^+, |w_1| = |w_2|\}$ を受理する DFA を考えてみてほしい．この言語を受理する DFA は構成することができないことに気づくだろうか．

言語 L_{41} を受理する DFA $M = (Q, \Sigma, \delta, q_0, F)$ が存在すると仮定し，この DFA に 2 つの語 $a^j b^l, a^k b^l$ (j, k, l は整数，$j \neq k$) を入力した場合の状態推移について考える．初期状態 q_0 から入力 a^j, a^k で推移する状態をそれぞれ p_j, p_k とすると，前半部分を入力し終わった段階での状態推移は次のようになる．

$$(q_0, a^j b^l) \vdash_M^* (p_j, b^l) \tag{4.10}$$

$$(q_0, a^k b^l) \vdash_M^* (p_k, b^l) \tag{4.11}$$

このとき，$l = j$ ならば (4.10) は受理するが (4.11) は受理しない．また $l = k$ ならば (4.11) は受理するが (4.10) は受理しない．同じ入力に対して最終的な状態が異なることから，$p_j \neq p_k$．つまり前半の a を読み終わった時点で，そこから受理状態に到達する状態 n の個数だけ状態 p_n が必要になる（$n \geq 1$ なので状態が無限に必要）．これは状態 Q が有限集合であるという有限オートマトンの定義に反する．

L_{41} を受理するためには，現在，前半部分を処理しているのか後半部分を処理しているのかという状態に加えて，a の個数 n を憶えておく必要がある．DFA はこのための記憶装置を持っていないので，L_{41} のような言語を受理することはできないのである[8]．

4.4.2 プッシュダウンオートマトン

プッシュダウンオートマトン (pushdown automaton: PDA) は図 4.4 に示すように，有限オートマトンにプッシュダウンスタック (pushdown stack:

---

[8] もちろん「1 つの a が入力された」「2 つの a が入力された」といった具合に，入力された a の数に対応した状態を用意すれば処理した a の数を記憶することができるかもしれない．しかしこの方法では無限個の状態が必要になる．

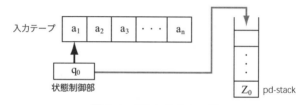

図 **4.4** PDA のイメージ

pd-stack) と呼ばれる補助記憶装置を加えて拡張した機械である.

　pd-stack は，後入れ先出し方式 (LIFO) の1次元的な記憶装置で，無限の記憶容量を持っていると仮定する．pd-stack にデータを積む操作をプッシュ (push)，一番上に積まれたデータを取り出す操作をポップ (pop) と呼ぶ[9].

　PDA には，FA と同様に決定性プッシュダウンオートマトン (DPDA) と非決定性プッシュダウンオートマトン (NPDA) がある.

4.4.3　決定性プッシュダウンオートマトン (DPDA)

　DPDA M は形式的に次の7つの要素によって定まる.

$$M = (Q, \Sigma, \Gamma, \delta, q_0, Z_0, F)$$

Q　$\cdots$　状態 (state) の有限集合.

Σ　$\cdots$　入力記号 (input symbol) の有限集合.

Γ　$\cdots$　スタック記号 (stack symbol) の有限集合.

δ　$\cdots$　状態推移関数 (state transition function). $(\delta : Q \times (\Sigma \cup \{\varepsilon\}) \times \Gamma \to Q \times \Gamma^*)$

q_0　$\cdots$　初期状態 (initial state). $(q_0 \in Q)$

Z_0　$\cdots$　ボトムマーカー (bottom maker). $(Z_0 \in \Gamma)$

F　$\cdots$　受理状態 (accepting state) の有限集合. $(F \subseteq Q)$

---

[9] スタックについての詳細は p. 81 を参照.

ボトムマーカーは，"スタックの底"を意味する．プッシュダウンスタックの一番下には常にボトムマーカーが入っているものとする．

PDA が次の条件を満たすとき，決定性 PDA (DPDA) という．

- $\forall q \in Q, \forall a \in \Sigma \cup \{\varepsilon\}, \forall Z \in \Gamma$ に対して，$|\delta(q, a, Z)| \leq 1$ である[10]．
- $\forall q \in Q, \forall Z \in \Gamma$ に対して，もし $\delta(q, \varepsilon, Z) \neq \emptyset$ ならば，$\forall a \in \Sigma$ に対して $\delta(q, a, Z) = \emptyset$ である[11]．

このように DPDA では，ε による推移（空推移）も含めて決定性が求められる．

4.4.4 DPDA の動作

1. 識別したい入力 $w = a_1 a_2 \cdots a_n$ を入力テープに記入して，ヘッドをテープの左端に置く．
2. pd-stack は空（ボトムマーカーのみ）とし，制御部の状態を初期状態 (q_0) とする．
3. 現在の状態，ヘッドの位置の記号，pd-stack の先頭の記号から，動作関数 δ によって決まる状態へ推移．pd-stack の先頭の記号を書き換える（ボトムマーカーは書き換えない）．
4. ヘッドを 1 コマ右に移動（空動作の場合はそのまま）．

上記 3～4 の動作を繰り返し，すべての入力を読み終わったら停止する．停止時の状態を q_n, pd-stack の内容を $\alpha_n Z_0$ とするとき，$q_n \in F$ かつ $\alpha_n = \emptyset$ ならば，DPDA は入力を受理する．（ようするに，停止時の状態が受理状態でかつ pd-stack が空っぽになっていれば受理する．）

FA 同様，PDA M の 1 ステップの動作を二項関係 $\vdash_M$ を使って表す．

例えば，$(p_n, ax, Y\gamma Z_0)$（状態 p_n，テープの残り ax，pd-stack の内容 $Y\gamma Z_0$）で，$\delta(p_n, a, Y) = (p - n + 1, \alpha)$ であるとき，M が 1 ステップ動作すると $(p_{n+1}, x, \alpha\gamma Z_0)$ となる．このことを，

---

[10] つまり q, a, Z が決まると次の状態が決まる．
[11] 空動作があるなら他の動作はない．

$$(p_n, ax, Y\gamma Z_0) \vdash_M (p_{n+1}, x, \alpha\gamma Z_0)$$

と表す.

PDA M によって受理される語の集合を「M によって受理される言語」といい, $L(M)$ で表す.

例として次の DPDA M_{41} について考える.

$M_{41} = (Q, \Sigma, \Gamma, \delta, q_0, Z_0, \{q_2\})$
$Q = \{q_0, q_1, q_2\}, \quad \Sigma = \{a, b\}, \quad \Gamma = \{A, Z_0\},$
$\delta(q_0, a, Z_0) = (q_0, AZ_0), \ \delta(q_0, a, A) = (q_0, AA), \ \delta(q_0, b, A) = (q_1, \varepsilon),$
$\delta(q_1, b, A) = (q_1, \varepsilon), \quad \delta(q_1, \varepsilon, Z_0) = (q_2, Z_0)$

DPDA M_{41} に $aaabbb$ を入力すると次のように動作する.

$$
\begin{array}{ll}
(q_0, aaabbb, Z_0) \vdash_{M_{41}} (q_0, aabbb, AZ_0) & (4.12) \\
\vdash_{M_{41}} (q_0, abbb, AAZ_0) & (4.13) \\
\vdash_{M_{41}} (q_0, bbb, AAAZ_0) & (4.14) \\
\vdash_{M_{41}} (q_1, bb, AAZ_0) & (4.15) \\
\vdash_{M_{41}} (q_1, b, AZ_0) & (4.16) \\
\vdash_{M_{41}} (q_1, \varepsilon, Z_0) & (4.17) \\
\vdash_{M_{41}} (q_2, \varepsilon, Z_0) & (4.18)
\end{array}
$$

この場合, 停止時の状態が $q_2 \in F$ であり, pd-stack が空なので, M_{41} は入力 $aaabbb$ を受理する.

演習 4.16. M_{41} について次の問に答えよ.

1. aab を入力したときの動作を二項関係 $\vdash$ を用いて示せ.
2. 受理する言語を示せ.

4.4.5 DPDA の状態推移図

DPDA も FA 同様, その動作を表す状態推移図で表現することができる. 次の図は M_{41} を状態推移図で表したものである.

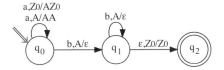

FA の状態推移図と似た構造を持つが，辺のラベルが異なり，「入力記号，pd-stack の先頭記号/置き換える記号」となっている．例えば，p_0 から p_1 への辺につけられたラベル $b, A/\varepsilon$ は，「状態 p_0，入力記号 b で pd-stack の先頭が A であるとき，状態 p_1 に推移して pd-stack 先頭の A を削除する」ことを意味する．これは状態推移関数 $\delta(q_0, b, A) = (q_1, \varepsilon)$ に対応する．

演習 4.17. 次に示す DPDA が受理する言語を示せ．

1. M_{42}

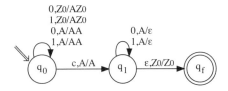

2. M_{43}

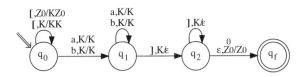

3. M_{44}

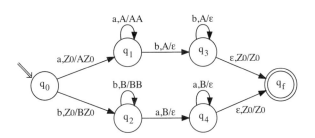

演習 4.18. 次の言語を受理する PDA を状態推移図で示せ.

1. $L_{45} = \{w \mid w \in \{a, (,), [,]\}^+, (\ ), [\ ]$ が正しく対応 $\}$
2. $L_{46} = \{w_1 w_2 \mid w_1 \in \{a\}^+, w_2 \in \{b\}^+, 2|w_1| = |w_2|\}$
3. $L_{47} = \{w_1 w_2 \mid w_1 \in \{a\}^+, w_2 \in \{b\}^+, |w_1| = 2|w_2|\}$
4. $L_{41} \cup L_{46}$

4.4.6 非決定性プッシュダウンオートマトン (NPDA)

NPDA M は, DPDA 同様, 次に示す7つの要素によって定まる.

$$M = (Q, \Sigma, \Gamma, \delta, q_0, Z_0, F)$$

ただし, 状態推移関数 δ は, DPDA の場合と異なり, $\delta : Q \times (\Sigma \cup \{\varepsilon\}) \times \Gamma \to 2^{Q \times \Gamma^*}$ となる (この関係は, DFA と NFA の関係と似ている ⇒ 確認せよ).

例として次に示す NPDA M_{48} について考える.

$M_{48} = (Q, \Sigma, \Gamma, \delta, q_0, Z_0, \{q_f\})$

$$Q = \{q_0, q_1, q_2, q_3, q_4, q_f\}, \quad \Sigma = \{a, b, c\}, \quad \Gamma = \{A, Z_0\},$$

$$\delta(q_0, a, Z_0) = \{(q_0, AZ_0)\}, \tag{4.19}$$

$$\delta(q_0, a, A) = \{(q_0, AA)\}, \tag{4.20}$$

$$\delta(q_0, b, A) = \{(q_1, \varepsilon), (q_3, A)\}, \tag{4.21}$$

$$\delta(q_1, b, A) = \{(q_1, \varepsilon)\}, \tag{4.22}$$

$$\delta(q_1, c, Z_0) = \{(q_2, Z_0)\}, \tag{4.23}$$

$$\delta(q_2, c, Z_0) = \{(q_2, Z_0)\}, \tag{4.24}$$

$$\delta(q_2, \varepsilon, Z_0) = \{(q_f, Z_0)\}, \tag{4.25}$$

$$\delta(q_3, b, A) = \{(q_3, A)\}, \tag{4.26}$$

$$\delta(q_3, c, A) = \{(q_4, \varepsilon)\}, \tag{4.27}$$

$$\delta(q_4, c, A) = \{(q_4, \varepsilon)\}, \tag{4.28}$$

$$\delta(q_4, \varepsilon, Z_0) = \{(q_f, Z_0)\} \tag{4.29}$$

M_{48} に $aabbc$ を入力したとする.

$$(q_0, aabbc, Z_0) \vdash_{M_{48}} (q_0, abbc, AZ_0) \vdash_{M_{48}} (q_0, bbc, AAZ_0)$$

ここまでで, 読み込んだ a の数だけ pd-stack に A を記憶している. (3) を参照すると, 次の推移先として2つの選択肢があることがわかる.

1. (q_1, ε) を選択した場合：

   $(q_0, bbc, AAZ_0) \vdash_{M_{48}} (q_1, bc, AZ_0) \vdash_{M_{48}} (q_1, c, Z_0)$

   $\vdash_{M_{48}} (q_2, \varepsilon, Z_0) \vdash_{M_{48}} (q_f, \varepsilon, Z_0)$ （受理する）

2. (q_3, A) を選択した場合：

   $(q_0, bbc, AAZ_0) \vdash_{M_{48}} (q_3, bc, AAZ_0) \vdash_{M_{48}} (q_3, c, AAZ_0)$

   $\vdash_{M_{48}} (q_4, c, AZ_0) \vdash_{M_{48}} (q_4, \varepsilon, AZ_0)$ （受理しない）

このように，同じ入力でも状態推移の選択の仕方によって最終的な状態が異なる．NPDA は NFA の場合と同様，**受理する選択の仕方がある場合は受理する**．よって，M_{48} は $aabbc$ を受理する．

NPDA も DPDA と同様に状態推移図を描くことができる．ただし，同じラベルを持つ辺が2つ以上存在する可能性がある．

演習 4.19. 次に示す NPDA が受理する言語を示せ．

1. M_{48}（p. 128 参照）
2. M_{49}

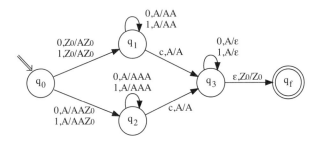

3. M_{4a}

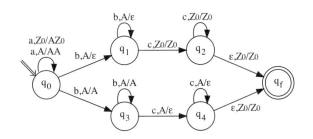

4. M_{4b}

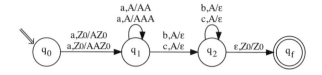

演習 4.20. 次の言語を受理する PDA を状態推移図で示せ.

1. $L_{4c} = \{w_1 w_2 \mid w_1 \in \{a\}^+, w_2 \in \{b\}^+, 2|w_1| \geq |w_2| \geq |w_1|\}$
   ヒント：まず演習 4.18 の L_{46} (p. 128) を考える.

2. $L_{4d} = \{w_1 w_2 \mid w_1 \in \{a\}^+, w_2 \in \{b\}^+, 2|w_2| \geq |w_1| \geq |w_2|\}$

3. $L_{4e} = \{w_1 w_2 \mid w_1 \in \{a\}^+, w_2 \in \{b\}^+, 3|w_2| \geq |w_1| \geq 2|w_2|\}$

4. $L_{4f} = \{A X X^R A^R \mid A \in \{a, b\}^+, X \in \{x, y\}^+, |A| = 2|B|\}$
   (A^R, X^R は，それぞれ語 A, X の逆順並びの語とする)

4.4.7　L(DPDA) ⊂ L(NPDA)

　NFA と DFA の言語識別能力が等しかったのに対して，NPDA は DPDA よりも言語識別能力が高い．例えば，言語 $\{w w^R \mid w \in \{a, b\}^+\}$（$w^R$ は w の逆順とする）を受理する NPDA は存在するが，DPDA は存在しない（⇒ 確認せよ）.

　例として言語 $L_{4g} = \{w c w^R \mid w \in \{0, 1\}^+\}$ を受理する DPDA M_{4g} について考える.

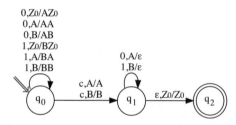

上の図は M_{4g} の状態推移図である．M_{4g} は次のように動作する.

1. 真ん中の記号 c を見つけるまで，入力記号 0 に対しては A を，入力記号 1 に対しては B を，pd-stack に記憶.

2. 記号 c を見つけたら，状態を q_0 から q_1 に推移させる．つまり，q_0 は **"c"** を読み込む前の状態を，q_1 は **"c"** を読み込んだ後の状態を意味する．

3. 入力記号 0 に対して pd-stack の先頭記号が A ならば，その A を消去する．入力記号 1 に対して pd-stack の先頭記号が B ならば，その B を消去する．

Pd-stack は LIFO なので，この動作によって c を中心とした対称の並びである L_{4g} の語を受理できる．

次に言語 $L_{4h} = \{ww^R | w \in \{0,1\}^+\}$ を受理する DPDA M_{4h} について考える．M_{4h} の状態推移図は次のようになる．

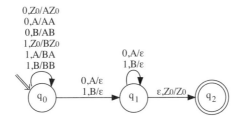

L_{4h} は L_{4g} と違い，中央に目印となる記号がない．そこで，中央と考えられる状況（具体的には，入力記号が 0 でスタックの先頭が A，または，入力記号が 1 でスタックの先頭が B のとき）では，状態が q_0 で留まるか，q_1 に推移するかを選択できるようになっている ⇒ 決定性ではない．

4.4.8 PDA の限界

PDA は記憶装置として pd-stack を採用している．そのため，受理することができる言語には制約がある．

例えば $L_{4i} = \{w_1 w_2 w_3 \mid w_1 \in \{a\}^+, w_2 \in \{b\}^+, w_3 \in \{c\}^+, |w_1| = |w_2| = |w_3|\}$ は PDA で受理することができない．これは，スタックに "a" の数だけスタック記号を積んだとしても，"b" を数えるためにそのスタック記号を消費してしまうため，"c" の数を確認することができないためである．

また言語 $L_{4j} = \{wcw \mid w \in \{0,1\}^+\}$ も PDA で受理することができない（wcw は，記号 c の左右に同じ語 w があることを意味する）．

演習 4.21. L_{4j} が PDA で受理できない理由を説明せよ.

4.5 チューリング機械

4.5.1 チューリング機械の概要

　チューリング機械 (Turing machine: TM) は Alan Mathison Turing によって提案された計算構造モデルである. 1936 年に A. Church が「チューリング機械によって記述できるものをアルゴリズムと呼ぼう」（チャーチの提唱）と提唱して以後, チューリング機械がアルゴリズムの定義となっている[12].

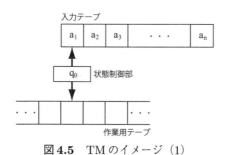

図 4.5 TM のイメージ（1）

　TM は図 4.5 のように, FA に記憶装置として 1 本の作業用テープを加えたものである. この作業用テープは pd-stack よりも自由度が大きく,

- テープ上の記号を読む
- テープ上の記号を消して別の記号を書き込む
- テープ上のヘッドを左右に動かす

といったことが可能である.

---

[12] アルゴリズムの詳細については, 第3章を参照のこと.

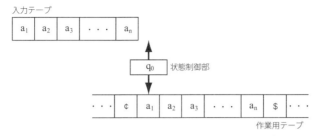

図 4.6　入力テープの内容を作業用テープにコピー

　TM は，FA と同じ構造の 1 方向に動くことができるテープとヘッドの組み合わせに，作業用テープを拡張したものであるが，図 4.6 に示すように，あらかじめすべての記号を作業用テープにコピーして，以後，入力テープを使わず作業用テープ上のみで動作できる．つまり，TM は図 4.7 のように 1 本の読み書き可能なテープを持った状態推移モデルと考えることができる．

図 4.7　TM のイメージ（2）

　TM は次のように動作する．

1.　テープ上に有限長の記号列をセットする．記号列の左端に開始記号 ($¢$) を，右端に終端記号 ($\$$) を書き込む．それ以外のコマは空白[13]とする．
2.　ヘッドを入力記号列の左端に置き，状態制御部の状態を初期状態 q_0 とする．

---

[13]「空白」という特別な記号が書き込まれていると考える．本書では空白記号を B で表す．

3. 「現在の状態」と「テープから読み取った記号」とから決まるルールに従って，状態を推移させるとともに，いま読んだテープ記号を別の記号に書き換え[14]，ヘッドを1コマ，右もしくは左に移動させる．
   現在の状態とテープ記号に対して動作が定義されていないとき，TMはそこで停止する．

4. TMが停止したときの状態が受理状態に入っていれば，TMは入力記号列を受理する．

入力記号列に対して，TMがいつまでも動作し続けて停止しない場合，その記号列はTMによって受理されないとする．

4.5.2 TMの記述と動作

TM M は形式的に次の7つの要素によって定まる．

$$M = (Q, \Gamma, \Sigma, \delta, q_0, B, F)$$

Q ・・・ 状態 (state) の有限集合．

Γ ・・・ テープ記号 (tape symbol) の有限集合．

Σ ・・・ 入力記号 (input symbol) の有限集合 $(\Sigma \subset \Gamma)$．

δ ・・・ 状態推移関数 (state transition function). $(\delta : Q \times \Gamma \to Q \times \Gamma \times \{L, R\})$

q_0 ・・・ 初期状態 (initial state). $(q_0 \in Q)$

B ・・・ 空白記号. $(B \in \Gamma - \Sigma)$

F ・・・ 受理状態 (accepting state) の有限集合. $(F \subseteq Q)$

TMは，状態 $q \in Q$ とテープから読み取った記号 $a \in \Gamma$ との組み合わせに対して $\delta(q, a) = (p, b, D)$（D は L または R）で与えられる動作を行う．

例として言語 $\{a^n b^n | n \geq 1\}$ を受理する TM M_{51} について考える．

$M_{51} = (Q, \Gamma, \Sigma, \delta, q_0, B, \{q_f\})$

$Q = \{q_0, q_1, q_2, q_3, q_f\}$, $\Sigma = \{a, b\}$, $\Gamma = \Sigma \cup \{a', b'\} \cup \{\mathcal{c}\!\!/\ , \$, B\}$,

---

[14] もとと同じ記号に書き換えてもよい．この場合はヘッドの移動のみということになる．

$$\delta(q_0, a) = (q_1, a', R), \ \delta(q_0, b') = (q_3, b', R), \ \delta(q_1, a) = (q_1, a, R),$$
$$\delta(q_1, b) = (q_2, b', L), \ \delta(q_1, b') = (q_1, b', R), \ \delta(q_2, a) = (q_2, a, L),$$
$$\delta(q_2, a') = (q_0, a', R), \ \delta(q_2, b') = (q_2, b', L), \ \delta(q_3, b') = (q_3, b', R),$$
$$\delta(q_3, \$) = (q_f, \$, L)$$

M_{51} を状態推移図で表すと次のようになる．TM の状態推移図では辺に「ヘッド位置記号/書き換える記号，ヘッド移動方向 ($[L|R]$)」のラベルが付される．

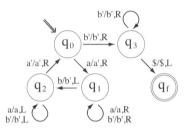

M_{51} は次のように動作する．

1. a を探して a' に書き換える．
2. 対応する b を探して b' に書き換える．
3. 次の a を探す．見つかった場合は 2 へ．見つからない場合は 4 へ．
4. 余分の b がないか確認する．

TM も FA や PDA と同様 1 ステップの動作を二項関係⊢を使って表すことができる．TM では，状態が q，テープ上の記号列が $a_1 a_2 \cdots a_i \cdots a_n$ であり，ヘッドの位置が左から i 番目のときの様相を $(q, a_1 a_2 \cdots \check{a}_i \cdots a_n)$ で表す．例えば M_{51} に $aabb$ を入力した場合の状態推移は次のように表すことができる．

$$(q_0, \overset{\downarrow}{a}abb) \vdash_{M_{51}} (q_1, a'\overset{\downarrow}{a}bb) \vdash_{M_{51}} (q_1, a'a\overset{\downarrow}{b}b) \cdots$$

演習 4.22. M_{51} について次の問に答えよ．

1. q_0, q_1, q_2, q_3 はそれぞれどのような状態か説明せよ．
2. $aabbaa$ を入力したときの様相の変化を二項関係⊢を使って示せ．

演習 4.23. 次に示す TM M_{52} について下の問に答えよ.

$$M_{52} = (Q, \Gamma, \Sigma, \delta, q_0, B, \{q_f\})$$
$$Q = \{q_0, q_1, q_2, q_f\},\ \Sigma = \{0, 1\},\ \Gamma = \Sigma \cup \{\mathcal{C},\ \$, B\},$$
$$\delta(q_0, 0) = (q_1, 0, R),\ \delta(q_0, 1) = (q_2, 0, R),\ \delta(q_1, 0) = (q_1, 0, R),$$
$$\delta(q_1, 1) = (q_2, 0, R),\ \delta(q_1, \$) = (q_f, \$, L),\ \delta(q_2, 0) = (q_1, 1, R),$$
$$\delta(q_2, 1) = (q_2, 1, R),\ \delta(q_2, \$) = (q_f, \$, L)$$

1. 状態推移図で表せ.
2. 1011 を入力したときの様相の変化を記号 ⊢ を使って示せ.

4.5.3 PDA ⊂ TM

TM の言語受理能力は，PDA のそれよりも大きい．PDA で受理できなかった言語 $L_{4i} = \{w_1 w_2 w_3 \mid w_1 \in \{a\}^+, w_2 \in \{b\}^+, w_3 \in \{c\}^+, |w_1| = |w_2| = |w_3|\}$（4.4.8 節参照）について考えてみる.

考え方 L_{4i} を受理する TM を M_{4i} とする．M_{4i} は，$aa \cdots bb \cdots cc \cdots$ といった記号列を入力として，テープの左端から処理を始める.

1. はじめに a があることを確認して印をつける（a' に書き換える）.
2. ヘッドを右に動かしながら対応する b を探す．これは a と既に対応済みの $b\,(b')$ を読み飛ばす処理である．もちろん，途中でそれ以外の記号が出て来た場合は停止.
3. 同様に対応する c を探して印をつける.
4. 未対応の a を探す．これは a, b, b', c' を読み飛ばして，a' が見つかったらその右側にヘッドを移動させる処理である.
5. ヘッドの位置に未対応 a があれば 1 へ戻る.
6. 余分な b, c が残っていないかをチェックする.

上記の考え方に基づいて M_{4i} を構成すると，その状態推移図は次のようになる.

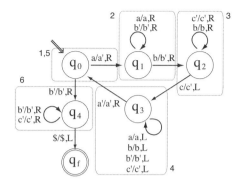

このように，PDA では受理できなかった L_{4i} が受理可能であり，TM の受理能力は PDA の受理能力よりも大きいことがわかった．

演習 4.24. チューリング機械に関する次の問に答えよ．

1. M_{4i} に $aabbcc$ を入力したときの様相を二項関係 $\vdash$ を用いて示せ．
2. 言語 L_{4h} (p. 131) を受理する TM M_{4h} の状態推移図を示せ．
3. L_{4j} (p. 131) を受理する TM M_{4j} の状態推移図を示せ．
4. $L_{53} = \{w_1 w_2 w_1 \mid w_1 \in \{a\}^+, w_2 \in \{b\}^+, |w_1| = |w_2|\}$ を受理する TM M_{53} の状態推移図を示せ．

4.5.4 非決定性チューリング機械

FA や PDA と同様に TM も，複数の可能性の中から非決定的に動作を選択できるものを考えることができる．このような TM のことを**非決定性チューリングマシン** (non-deterministic TM: NTM) という．

NTM M は，TM 同様，次に示す 7 つの要素によって定まる．

$$M = (Q, \Gamma, \Sigma, \delta, q_0, B, F)$$

ただし，状態推移関数 δ は，TM の場合と異なり，$\delta: Q \times \Gamma \to 2^{Q \times \Gamma \times \{L, R\}}$ となる．

PDA の場合と同様，言語 $L_{54} = \{wcw | w \in \{a, b\}^+\}$ と言語 $L_{55} = \{ww | w \in \{a, b\}^+\}$ について考えてみる．L_{54} は，中央の記号 c を挟んで，前半の w の記号と後半の w の記号を 1 つずつ対応させていけばよい（$\Rightarrow L_{54}$

を受理する TM を構成せよ）．一方 L_{55} の場合，前半と後半の区切りがないので，どこから後半の w の処理に切り替えてよいかが明らかではない．

考え方　L_{55} を受理する NTM を M_{55} とする．M_{55} は $aab\cdots aab\cdots$ といった文字列を入力としてテープの左端から処理を始める．

1. ヘッド位置の記号が a ならば a' に書き換える．状態を「対応する a を探索中」の状態に推移させる（b についても同様な処理を追加）．
2. ヘッドを右に動かしながら，対応する後半部分の a を探しにいく．ヘッドを移動させて見つかる a のうちの1つを**非決定的に** a'' に書き換える．a'' に書き換えた場合，ここから右を後半部分と仮定する（$''$ は後半部分の記号と仮定した印として用いる）．
3. 次の前半部分の記号を探すためにヘッドを左に移動させながら「$'$」の付いた記号（a' もしくは b'）を探す．
4. 見つかったらヘッドを1つ右に移動させる．受理する語が入力されている場合，このときのヘッド位置の記号は a, b, a'', b'' のいずれかである．a の場合は a' に，b の場合は b' に，それぞれ書き換えて対応する後半部分を探す．具体的には a, b, a'', b'' を読み飛ばして a（もしくは b）を探し，「$''$」を付けて3へ戻る．
5. 後半部分に余分な記号がないか（すべての記号に「$''$」が付いているか）を確認する．

次に示す状態推移図と上に示した考え方とを見比べてその動作を確認してもらいたい．

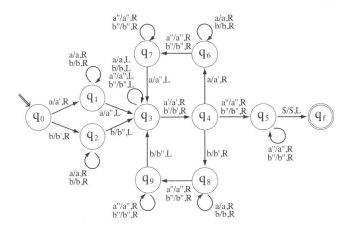

演習 4.25. 次の TM の状態推移図を示せ.

1. $L_{56} = \{w_1 w_2 w_1 | w_1 \in \{a\}^+, w_2 \in \{b\}^+, |w_1| = |w_2|\}$ を受理

2. $L_{57} = \{ww^R | w \in \{a, b\}^+\}$ (w^R は w の逆順) を受理 (PDA でも可能だが, ここでは TM を考えること)

3. $L_{58} = \{wcw^R | w \in \{a, b\}^+\}$ (w^R は w の逆順) を受理 (PDA でも可能だが, ここでは TM を考えること)

4. $L_{59} = \{w_1 c w_2 | w_1 \in \{0, 1\}^+, w_2 \in \{0, 1\}^+, w_1 \neq w_2\}$ を受理

5. $L_{5a} = w \in \{0, 1\}^+$ を入力すると, w のビット反転をすぐ右側に記録して受理状態で停止

   (例 : ¢ 1011 \$ → ¢ 10110100 \$)

6. $L_{5b} = \{w_1 \# w_2 = | w_1 \in \{0, 1\}^+, w_2 \in \{0, 1\}^+, |w_1| = |w_2| = 1\}$ の語を入力すると, $w_1 \oplus w_2$ を = の右に記録して受理状態で停止 (p.13 参照) (例 : ¢ 0#1= \$ → ¢ 0#1=1 \$)

7. $L_{5c} = \{w_1 \# w_2 = | w_1 \in \{0, 1\}^+, w_2 \in \{0, 1\}^+, |w_1| = |w_2|\}$ の語を入力すると, $w_1 \oplus w_2$ を = の右に記録して受理状態で停止

   (例 : ¢ 1001#1010= \$ → ¢ 1001#1010=0011 \$) ＜やや難＞

8. $L_{5d} = w \in \{0, 1\}^+$ を入力すると, w に右シフト値をテープ上に記録して受理状態で停止

   (例 : ¢ 1011 \$ → ¢ 0101 \$) ＜簡単＞

9. $L_{5e} = \{w|w \in \{0,1\}^+\}$ の語を入力すると，左シフト演算した結果を
テープ上に記録して受理状態で停止

10. $L_{5f} = \{w|w \in \{a\}^+\}$ の語を入力すると，テープ上に ww を記録して受
理状態で停止（例えば aa が入力されると $aaaa$ をテープ上に記録して受
理状態で停止）

11. $L_{5g} = \{w_1\#w_2|w_1 \in \{0,1\}^+, w_2 \in \{0,1\}^+, |w_1| = |w_2| = 2\}$ の語を
入力すると，「$w_1\#w_3$」（$w_3 = w_1 + w_2$：2進数の足し算の結果）をテー
プ上に記録して受理状態で停止．ただし3桁以上への繰り上がりについ
ては考慮しなくてよい

    （例：¢ 10#11 \$ → ¢ 10#01 \$）＜やや難＞

12. $L_{5h} = \{w_1w_2|w_1 \in \{0,1\}^+, w_2 \in \{0,1\}^+, |w_1| = |w_2|\}$ を入力する
と，テープ上に「$w_1\#w_2$」を記録して，ヘッドを先頭文字に移動して受
理状態で停止（例：001101 → 001#101）＜やや難＞

13. $L_{5i} = \{w|w \in \{1\}^+\}$ を入力すると，テープ上に入力した1の数を2進
数で記録して，ヘッドを先頭文字に移動して受理状態で停止（例：11111
→ 101）＜やや難＞

14. $L_{5j} = \{w|w \in \{0,1\}^+, |w| = 3\}$ を入力すると，テープ上に入力した2
進数の数だけ1を記録して，ヘッドを先頭文字に移動して受理状態で停
止（例：101 → 11111）＜やや難＞

15. $L_{5k} = \{w|w \in \{0,1\}^+\}$ を入力すると，テープ上に入力した2進数の数
だけ1を記録して，ヘッドを先頭文字に移動して受理状態で停止（例：
1010 → 111111111）＜難しい＞

4.5.5 $L(\text{TM}) = L(\text{NTM})$

　チューリング機械と非決定性チューリング機械の処理能力は等しいことか
ら，非決定性チューリング機械と同じ言語を受理するチューリング機械を構
成することができる．

　例として，言語 $L_{55} = \{ww|w \in \{a,b\}^+\}$ を受理する非決定性チューリン
グ機械（p.138参照 M_{55}）と等価なチューリング機械について考える．以下
に，M_{55} と等価な TM に $aabaab$ を入力したときの様相の変化を示す．

1. $(q_0, \overset{\downarrow}{a}abaab)$

2. $(q_1, a'\overset{\downarrow}{a}baab)$ 'a' が連続しているので折り返し点の可能性あり.

3. $(q_2, a'\bar{a}baabq_1@\overset{\downarrow}{a}'a''baab)$ '@' 以降にテープの状態をコピー（保存）して折り返し処理を行う.

4. $(q_3, a'\bar{a}baabq_1@a'a''\overset{\downarrow}{b}aabq_1)$ ＜失敗＞

5. $(q_1, a'\overset{\downarrow}{a}baab)$ テープを保存しておいた状態（'@' 以前）に戻して再開

6. $(q_1, a'a\overset{\downarrow}{b}aab)$

7. $(q_1, a'ab\overset{\downarrow}{a}ab)$ 3行目と同様に折り返してみる

8. $(q_2, a'ab\bar{a}abq_1@a'ab\overset{\downarrow}{a}''ab)$

このとき，q_0 から q_3 はそれぞれ次のような状態を意味する.

q_0　初期状態（チェック済みの a と b の数が等しい）

q_1　チェックを付けた a に対応する a を探している

q_2　次の a を探している

q_3　余分な a, b が付いていないか確認している

このように非決定的な推移をする代わりにテープの状態を保存（記録）することで，TM で NTM と同じ言語を受理することができる.

4.6 形式文法

4.6.1 形式文法とは

オートマトンがある規則に従った言語の識別機械であるのに対して，形式文法はある規則に従った言語を生成する.

オートマトン M が，ある入力が $L(M)$ の要素であるかどうかを確認するのに対して，形式文法を用いるとすべての $L(M)$ の要素を生成することが可能になる. つまり，オートマトンが言語を受理するものであるのに対して，**形式文法は言語を生成するもの**であるといえる.

日本語や英語などの文の構造的な規則性（C言語のようなプログラミング言語についてはプログラムの構造的な規則性）のことを**構文** (syntax) とい

う．例えば "The boy works hard" という英語の文について考える．この文
の構造は次の図で説明することができる．

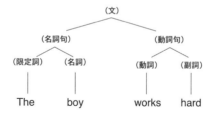

この図は，（文）は（名詞句）（動詞句）の並びで構成され，（名詞句）は（限定
詞）（名詞）の並びで，（動詞句）は（動詞）（副詞）の並びでそれぞれ構成さ
れることを表している．このような文の構造を説明する図を**構文木** (syntax
tree) と呼ぶ．

　見方を変えるとこの図は，木の根（文）から葉に向かって文が生成されて
いく様子を表していると捉えることができる．例えば英語の場合，次のよう
な生成規則によって様々な文が生成される．

$$（文）→（名詞句）（動詞句）|（名詞句）（助動詞）（動詞句）|\cdots$$
$$（名詞句）→（限定詞）（名詞）|（固有名詞）|\cdots$$
$$（動詞句）→（動詞）（副詞）|（動詞）|\cdots$$
$$\cdots$$
$$（名詞）→ boy \mid girl \mid cat \mid \cdots$$
$$（動詞）→ work \mid run \mid love \mid \cdots$$
$$\cdots$$

このように文の生成規則を形式的に表したものが**形式文法**である．ここで記
号 → は，左辺の要素が右辺のような要素の並びに置き換え可能なことを意
味する．記号 | は「または」を意味する．形式文法を構成する要素を形式言
語における1つの記号として考えたとき，括弧で囲まれた（文），（名詞句）な
どの記号は別の記号に置き換えることができる．このような記号を**非終端記
号** (nonterminal symbol) と呼ぶ．一方，括弧で囲まれていない boy, work
などの記号はこれ以上他の記号に置き換えることができない．このような

記号を**終端記号** (terminal symbol) と呼ぶ．非終端記号のうち，（文）のように生成の出発点となる記号をとくに**開始記号** (initial symbol) と呼ぶ．また「（文）→（名詞句）（動詞句）」のような規則を**生成規則** (production) と呼ぶ．このような形式文法の表現方法を**BNF 記法** (Backus normal form) と呼ぶ．BNF 記法は，対象となる言語を説明するための言語であり，一種のメタ言語と考えることができる．

まとめると形式文法は次の 4 つの要素によって定まる．

$$G = (N, \Sigma, P, S_0)$$

N　非終端記号の有限集合．

Σ　終端記号の有限集合．

P　生成規則の有限集合．$V := N \cup \Sigma$ としたとき，$V^* N V^* \times V^*$ の部分集合．

　　$\alpha \in V^* N V^*$, $\beta \in V^*$ のとき，$\alpha \to \beta$ と書き，α から β が生成できることを表す．

S_0　開始記号．$(S_0 \in N)$

例えば言語 $L_{61}(G_{61}) = \{w | w \in \{a\}^+, |w| \bmod 2 = 0\}$ を生成する形式文法 G_{61} は次のように表される．

$G_{61} = (N, \Sigma, P, S_0)$

　$N = \{S_0, S_1\}$, $\Sigma = \{a\}, P = \{S_0 \to aS_1,\ S_1 \to aS_0,\ S_1 \to a\}$

語「$aaaa$」は G_{61} によって「$S_0 \Rightarrow aS_1 \Rightarrow aaS_0 \Rightarrow aaaS_1 \Rightarrow aaaa$」のよう生成される．このとき「$aaaa$ は文法 G_{61} によって**導出される**」という．この導出過程は，途中を省略して「$S_0 \Rightarrow^+ aaaa$」と示すことができる．

4.6.2　正規文法（3 型文法）

形式文法 $G = (N, \Sigma, P, S)$ のうち，すべての生成規則が「$A \to aB$」もしくは「$A \to a$」$(A, B \in N; a \in \Sigma)$ という形をしているものを**正規文法** (regular grammar: RG) という（ただし $\varepsilon \in L(G)$ の場合に限り「$S_0 \to \varepsilon$」も許す）．そして正規文法の生成する言語を**正規言語** (regular language: RL) と呼ぶ．正規文法の生成規則では，導出の過程において，書き換え可能

な非終端記号が必ず一番右側に現れる．つまり語が右方向に伸びていくことになる．このような文法を右線形文法という．同様に正規文法として左線形文法を定義することができる（⇒ 考えよ）．

　任意の正規文法 G によって導出される言語 G に対して，この言語を受理する有限オートマトン M が存在する．また任意の有限オートマトン M が受理する言語 $L(M)$ に対して，この言語を導出する正規文法 G が存在する．正規文法が生成する言語を正規言語と呼ぶ．

定理 4.2. RG と FA の言語定義能力は等しい．

考え方　RG で生成される言語を L_{rg}, FA で受理する言語を L_{fa} とするとき，$L_{rg} = L_{fa}$ すなわち，$L_{rg} \subseteq L_{fa}$ かつ $L_{fa} \supseteq L_{rg}$ がいえればいい．

$L_{rg} \subseteq L_{fa}$　L_{rg} を生成する正規文法を $G = (N, \Sigma, P, S)$ とする．このとき，ε-NFA $M = (Q, \Sigma, \delta, q_0, F)$ を次のように定義する．

- $Q = N \cup \{F\}$ $(F \notin N)$
- $q_0 = S$
- $\delta : X \to aY$ ならば $\delta(X, a) = Y$, $X \to a$ ならば $\delta(X, a) = F$

$L_{rg} \supseteq L_{fa}$　言語 L を受理する DFA を $M = (Q, \Sigma, \delta, q_0, F)$ とする．このとき，正規文法 $G = (N, \Sigma, P, S)$ を次のように定義する．

- $N = Q$
- $S = q_0$
- $\delta(q, a) = p$ ならば $(q \to ap) \in P$, $\delta(q, a) = p$ であり $p \in F$ ならば $(q \to a) \in P$

　よって，$L_{rg} = L_{fa}$（⇒ 確認せよ）．

演習 4.26. 次の形式文法に関する問に答えよ．

1. 次に示す RG $G_{62} = (N, \Sigma, P, S)$ が導出する語を正規表現で表せ．
   $N = \{S\}$, $\Sigma = \{a, n\}$, $P = \{S \to a | S\ a | S\ n\}$

2. 次に示す RG $G_{63} = (N, \Sigma, P, S)$ が導出する語を正規表現で表せ.

$N = \{\langle 整定数 \rangle, \langle 符号部 \rangle, \langle 数字列 \rangle\}$, $\Sigma = \{+, -, 数字\}$,

$P = \{\langle 整定数 \rangle \rightarrow \langle 符号部 \rangle \langle 数字列 \rangle$, $\langle 符号部 \rangle \rightarrow +|-$,

$\langle 数字列 \rangle \rightarrow 数字 | 数字 \langle 数字列 \rangle\}$, $S = \langle 整定数 \rangle$

3. 言語 $L_{64} = \{w | w \in \{a\}^+, |w| \bmod 3 = 0\}$ を生成する文法を示せ.

4. 正規表現 $[+|-]\{0|1\}\{\Diamond[+|-]\{0|1\}\}$ で表される語を導出する文法を示せ.

演習 4.27. 次に示す RG $G_{66} = (N, \Sigma, P, S)$ から生成される言語を受理する FA M_{66} を構成せよ.

$N = \{S, T, U\}$, $\Sigma = \{a, b\}$, $P = \{S \rightarrow aT, S \rightarrow bU, S \rightarrow \varepsilon, T \rightarrow bS, U \rightarrow aS\}$

演習 4.28. 次に示す RG $G_{67} = (N, \Sigma, P, S)$ について答えよ.

$N = \{S_0, S_1\}$, $\Sigma = \{x, y, z, e, 1, 2\}$, $P = \{S_0 \rightarrow xS_0, S_0 \rightarrow yS_0, S_0 \rightarrow eS_1, S_1 \rightarrow 1S_1, S_1 \rightarrow 2S_1, S_1 \rightarrow z\}$, $S = \{S_0\}$

1. G_{67} で生成される言語 $L_{67}(G_{67})$ を受理するオートマトンを構成して状態推移図で示せ.

2. $L_{67}(G_{67})$ はどのような言語か示せ.

4.6.3 文脈自由文法（2 型文法）

形式文法 $G = (N, \Sigma, P, S)$ のうち，すべての生成規則が「$A \rightarrow \alpha\,(A \in N, \alpha \in (\Sigma \cup N)^*)$」の形をしているものを**文脈自由文法** (context-free grammar: CFG) という．そして，文脈自由文法の生成する言語を**文脈自由言語** (context-free language: CFL) という．

例えば $G_{68} = (\{S, A\}, \{0, 1\}, \{S \rightarrow A, A \rightarrow 01, A \rightarrow 0S1\}, S)$ は文脈自由文法である．

演習 4.29. G_{68} によって生成される語を説明せよ.

チョムスキー標準形 (Chomsky normal form) 文脈自由文法のうち，すべての生成規則が「$A \rightarrow b$」「$A \rightarrow BC$」もしくは「$S \rightarrow \varepsilon$」$(A, B, C \in$

$N, b \in \Sigma$) の形をしているものをチョムスキー標準形という．ε-生成規則
($A \to \varepsilon$ ($A \in N$)) を持たない任意の文脈自由文法の生成規則と等価なチョムスキー標準形の生成規則を次のアルゴリズムによって得ることができる．

アルゴリズム 4.3　文脈自由文法をチョムスキー標準形に変形する．

1. $A \to B$ ($A, B \in N$) の形の生成規則（単位生成規則と呼ぶ）を次の手順で置換する．
   (a) 任意の A ($\in N$) に対して，左辺に A を持つ単位生成規則の集合を $U(A)$，左辺に A を持つ，単位生成規則ではない生成規則の集合を $N(A)$ とする．
   (b) $U(A) \neq \emptyset$ である任意の A ($\in N$) に対して，$U(A)$ を，

   $$\{A \to \alpha | A \Rightarrow^+ B,\ B \to \alpha \in N(B)\}$$

   で置き換える．

2. 右辺の長さが2以上でかつ右辺に終端記号を含む生成規則（2次生成規則と呼ぶ）を次の手順で置換する．
   (a) 2次生成規則の右辺に含まれる各 $a \in \Sigma$ に対して，新しい非終端記号 A_a と生成規則 $A_a \to a$ を追加する．
   (b) すべての2次生成規則 $A \to X_1 X_2 \cdots X_n$ ($X_i \in N \cup \Sigma$) を生成規則 $A \to Y_1 Y_2 \cdots Y_n$ で置換する．ここで，$X_i \in N$ ならば $Y_i = X_i$，$X_i \in \Sigma$ ならば $Y_i = A_{X_i}$ とする．

3. $A \to B_1 B_2 \cdots B_m$ ($m > 2$, $B_1, B_2, \cdots, B_m \in N$) の形の生成規則（3次生成規則と呼ぶ）を次の手順で置換する．
   (a) 新しい非終端記号 $B_1', B_2', \cdots, B_{m-1}'$ を追加する．
   (b) 生成規則を $A \to B_1 B_1'$, $B_1' \to B_2 B_2'$, $\cdots$, $B_{m-2}' \to B_{m-1} B_{m-1}'$, $B_{m-1}' \to B_m$ に置換する．

　例えば G_{68} と等価なチョムスキー標準型の文脈自由文法は次のように生成できる．

1. G_{68} の生成規則のうち単位生成規則は，$S \to A$ のみなので，$U(S) = \{S \to A\}$ とする．$S \Rightarrow^+ A$, $N(A) = \{A \to 01, A \to 0A1\}$ なので，

$S \to A$ を $S \to 01|0A1$ で置き換える.

$$P'_{68} = \{S \to 01|0A1, A \to 01, A \to 0S1\}$$

2. P'_{68} のうち, 2次生成規則は $S \to 01, S \to 0A1, A \to 01, A \to 0A1$ なので, P'_{68} に $A_0 \to 0, A_1 \to 1$ を追加する. そして2次生成規則を次のように置換する.

$$S \to 01 \Rightarrow S \to A_0 A_1$$
$$S \to 0A1 \Rightarrow S \to A_0 A A_1$$
$$A \to 01 \Rightarrow A \to A_0 A_1$$
$$A \to 0A1 \Rightarrow A \to A_0 A A_1$$

$$P'_{68} = \{A_0 \to 0, A_1 \to 1, S \to A_0 A_1,$$
$$S \to A_0 A A_1, A \to A_0 A_1, A \to A_0 A A_1\}$$

3. 3次生成規則 $S \to A_0 A A_1, A \to A_0 A A_1$ を, それぞれ
$S \to A_0 A'_0, A'_0 \to AA', A' \to A_1,$
$A \to A_0 A'_0, A'_0 \to AA', A' \to A_1$ に置き換える.

$$G'_{68} = (N', \{0, 1\}, P', S)$$
$$N'_{68} = \{S, A, A_0, A_1, A', A'_0\}, \Sigma = 0, 1$$
$$P'_{68} = \{A_0 \to 0, A_1 \to 1, S \to A_0 A_1, S \to A_0 A'_0, A'_0 \to AA',$$
$$A' \to A_1, A \to A_0 A_1, A \to A_0 A'_0\}$$

演習 4.30. G_{68} と G'_{68} が同じ語を導出することを確認せよ.

演習 4.31. 次の G_{69} と同じ語を導出するチョムスキー標準型の文脈自由文法を示せ.

$$G_{69} = (\{S, A, B\}, \{a, b\}, P_{69}, S)$$
$$P_{69} = \{S \to A|ABA, A \to aA|a|B, B \to bB|b\}$$

グライバッハ標準形 (Greibach normal form) 文脈自由文法のうち, すべての生成規則が「$A \to b\alpha$」もしくは「$S \to \varepsilon$」 ($A \in N, b \in \Sigma, \alpha \in N^*$) の形をしているものをグライバッハ標準形という. 任意の文脈自由文法に対して, 同じ言語を生成するグライバッハ標準形が存在する.

　任意の文脈自由文法の生成規則と等価なグライバッハ標準形の生成規則を次のアルゴリズムによって得ることができる.

アルゴリズム 4.4　文脈自由文法をグライバッハ標準形に変形する.

1.　アルゴリズム 4.3 によってチョムスキー標準形に変換する.

2.　$A \to A\alpha$ $(A \in N, \alpha \in (N \cup \Sigma)^+)$ の形の生成規則[15] を次のように置換する.

　　$A \to A\alpha$ の形の生成規則が存在する場合,必ず $A \to \beta_1, \cdots, \beta_n$ $(\beta \in (N \cup \Sigma)^+ - \{A\}(N \cup \Sigma)^*)$ の形の生成規則も存在する.これらを,新しく追加した非終端記号 Z を使って以下のように置換する.

$$A \to \beta_1 Z, A \to \beta_2 Z, \cdots, A \to \beta_n Z, Z \to \alpha Z, Z \to \alpha$$

3.　$A \to X\alpha, X \to \beta_1, \cdots, X \to \beta_n$ $(A, X \in N, \alpha, \beta_1, \cdots, \beta_n \in (N \cup \Sigma)^+)$ を次のように置換する.

$$A \to \beta_1 \alpha, A \to \beta_2 \alpha, \cdots, A \to \beta_n \alpha$$

4.　グライバッハ標準形を満たすまで,2, 3 を繰り返す.

　例えば,次の P_{6a} と等価なグライバッハ標準形の文脈自由文法 P'_{6a} を生成することを考える.

$$G_{6a} = (\{S, A, B\}, \{a, b\}, P_{6a}, S)$$
$$P_{6a} = \{S \to AB, A \to AS|a, B \to b\}$$

1.　G_{6a} はチョムスキー標準形なので,次のステップから始める.

2.　生成規則 $A \to AS$ が左再帰性を持つことから,$A \to aZ, Z \to SZ, Z \to S$ に置換する.

$$P'_{6a} = \{S \to AB, A \to aZ|a, Z \to SZ, Z \to S, B \to b\}$$

3.　P'_{6a} に含まれる生成規則のうち,$S \to \underline{A}B, Z \to \underline{S}Z, Z \to \underline{S}$ の3つがグライバッハ標準形を満たしていないので,それぞれ $S \to \underline{aZ}B, Z \to \underline{aZB}Z, Z \to \underline{aZB}$ に置換する.

---

[15] このような規則を「左再帰性を持つ」という.

$$G'_{6a} = (\{S, A, B, Z\}, \{a, b\}, P'_{6a}, S)$$
$$P'_{6a} = \{S \to aZB, \ A \to aZ|a, \ Z \to aZBZ, \ Z \to aZB, \ B \to b\}$$

演習 4.32. G_{69} (p. 147) と同じ語を導出するグライバッハ標準形の文脈自由文法を示せ.

定理 4.3. CFG と NPDA の言語定義能力は等しい.

4.6.4 句構造文法（0型文法）

　形式文法 $G = (N, \Sigma, P, S)$ のうち，すべての生成規則が「$\alpha \to \beta$ $(\alpha \in (N \cup \Sigma)^* N (N \cup \Sigma)^*, \ \beta \in (\Sigma \cup N)^*)$」という形をしているものを**句構造文法** (phrase structure grammar: PSG) という. そして，句構造文法の生成する言語を**句構造言語** (phrase structure language: PSL) という.

　句構造文法のうち，すべての生成規則 $\alpha \to \beta$ が $|\alpha| \leq |\beta|$ となっているもの（右辺の長さが左辺の長さ以上になっているもの）を**文脈依存文法** (Context-sensitive grammar: CSG)（1型文法）という.

　例えば $G_{6a} = (\{S, A, B, C\}, \{a\}, \{S \to BAB, BA \to BC, CA \to AAC, CB \to AAB, A \to a, B \to \varepsilon\}, S)$ は文脈依存文法である.

演習 4.33. G_{6a} が導出する語を確認せよ.

定理 4.4. PSG と TM の言語定義能力は等しい.

4.6.5 ま と め

　この章では，有限オートマトン，プッシュダウンオートマトン，チューリング機械といった基本的なオートマトンと，形式文法および形式言語の基本について学んだ. 本書で学んだオートマトンと形式言語の関係は下図のようになる[16].

---

[16] 本書では扱っていないが，CSG（1型言語）には，線形拘束オートマトンによって受理される言語が対応する.

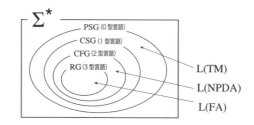

　図中の0型言語〜3型言語は，それぞれ0型文法〜3型文法で生成される言語を意味する．このような包含関係を**チョムスキーの言語階層**という．正規文法は，柔軟な検索文字列の定義やOSの複数ファイル指定などに用いられている．また一般的なプログラミング言語は文脈自由言語に属する．

参考文献

[1] A.V. エイホ 他：『コンパイラ』，培風館

[2] J. ホップクロフト 他：『オートマトン 言語論理 計算論 I, II』，サイエンス社

[3] 守屋悦朗：『形式言語とオートマトン』，サイエンス社

[4] V. J. Rayward-Smith: 『コンピュータ・サイエンスのための言語理論入門』，共立出版

[5] 疋田輝雄，石畑清：『コンパイラの理論と実現』，共立出版

[6] M.L. Tsetlin, "On the behavior of finite automata in random media", Avtomatika i Telemekhanika, Vol. 22, pp. 1345–1354, 1961.

第5章

実験デザイン

実験を始める上で，どのような実験を行うかをあらかじめ計画することは絶対に欠かせない手順である．この章では，目的に即した実験を実施するための計画法について説明する．

章の構成は，まず実験デザインの必要性を述べた上で，その方法を研究テーマに沿った仮説を立てること，それを調べるためにどのような実験の統制が必要となるかを踏まえて説明する．その上で，実験デザインから見た検定についても述べる．研究や実験を行う上での倫理についても触れた上で，最後に実験結果に基づいた報告書の書き方を説明する．

5.1 はじめに

5.1.1 実験デザインとは

この章を読む皆さんは，個人やグループで何らかの研究テーマを抱き，あるいは課題として与えられ，その中で何かを調べるために実験を行おうと考えている方々であろう．どのような形であれ，何かを調べ，可能なら新しい事実から知識を得て，さらにはそれを人類で共有するということは，有意義なことであるとともに面白いことでもある．ぜひ楽しみながら実験を行ってもらいたい．

大学の学生実験では，場合によっては教員からの説明や資料をもとに指示された通りに何らかの計測を行い，値をまとめれば良いというものもあるか

もしれない．しかし，卒業研究や，大学院における研究，さらには研究者の行う研究における実験は，重みがまったく異なる．あなたの研究において，なぜ実験を行うのか，なぜその実験方法を採用するのか，という事柄をあなた自身で考え，あなた自身でその妥当性を説明できなければならないのである．学生実験での経験は，こういった研究活動の土台になるが，前述した実験の準備やその意義について，教員ではなくあなた自身が責任を負うという点は，学生実験とは大きく異なる点である．

　実験デザインとは，調べたい目的について，効率よく，客観的な説明のできる実験を設計し，結果を適切に解析することである．本章は，実験デザインについて，その心構え，準備から，解析方法，原稿執筆までの一連の流れを扱う．工学系のうち，とくに情報工学・電気電子工学に近い分野の卒業研究から修士課程の研究のレベルを想定しているが，2年次，3年次における学生実験にも通じる内容である．

5.1.2　なぜ実験を行うのか

　まず皆さんに考えていただきたいのは，なぜ実験を行うのか，なぜ実験が必要なのか，ということである．実験の内容，目的は，その研究テーマによって異なり幅が広いものの，何かを検証する，という点においては共通している．そのために，どのような実験を行うべきか，どのような解析を行うべきか，適切な方法を知っておかなければならない．

　上に述べたことは当たり前のことのように感じられるかもしれないが，こういったことが蔑ろにされることは世の中で多く見られることである．とある過去のテレビ番組で，ある食品のダイエット効果を調べるという内容を扱っていた．そこでは，その食品を一週間摂取したところ5名中3名で体重が減少した，ということで，その食物の効果を謳っていた．このように聞くと，その食べ物にダイエット効果がありそうに感じられるかもしれない．しかし，残りの2名は体重が減少していないのであり，この結果をもって効果があるかというと非常に怪しい．

　このような問題は，社会的な現象の表現や大学のカリキュラムの中で扱う事例においても見られる．収入や何かの点数の全体像を示す際に平均値を用いるのは典型的な手法であるが，やや問題がある．図5.1は，平均値が0.0

になる 10 サンプルからなる 4 群のデータであり，プロットが各 10 サンプル
の値を示している．各群の標準偏差は，A 群が 3.32，B 群が 6.63，C 群が
6.02，D 群が 4.89 であり，比較してみると同じ平均値でもその分布は異なる
ことがわかる．つまり，A 群と B 群は同じ平均値である，ということは事実
だが，その内容を知り，適切な比較方法を知らなければ，同じような分布の
データと誤認する可能性がある．

　実験を行い，そこで得られたデータについて統計解析を行わないというこ
とは，臨床試験を行わずに薬の効果を主張しているのと似たような行為であ
る．こう言っては強すぎる言い方かもしれないが，思い付きや思い込みの話
を主張しているようなものである．

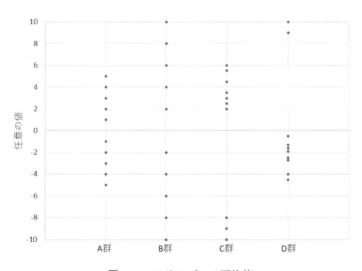

図 5.1 10 サンプルの平均値

5.1.3 なぜ実験デザインが必要なのか

　読者の中には，既に実験を行うことの必要性を理解している方もいるか
もしれない．さらに言えば，実験に興味があり，「一刻も早く実験をやりた
い！」という方もいるかもしれない．私自身も，小学校の理科の実験では，

教室での説明が終わらないうちに実験室へ飛び出していった口なので，その気持ちはよくわかるし，その熱意も素晴らしいものと思う．時間がなく，急いでいる場合もあるだろう．

　しかし，よほど簡単な実験や，学生実験のように既にデザインされた実験でもない限り，無計画に実験を行うことは勧められない．その理由は，このような感覚で無計画に実験を行い，残念な形になっている卒業研究や学会発表をよく見かけるためである．ここでいう「残念な」というのは，「実験結果が悪い」という意味ではなく，そもそもその研究の目的に合った実験の形になっていないため，実験結果が主張したいことの裏付けになっておらず，無意味なものになっているのである．また，この理由から，卒業研究などで実験結果が出始めた頃に，教員からやり直しを求められることもよくある話なのである．とにかく実験をやればよい，というものではなく，計画立ててから実験を行わなければならないのである．

　これから行う研究テーマによっては，実験デザインあるいは実験そのものが必要と感じられないものもあるかもしれない．例えば，アプリケーションやシステムの開発そのものを目的とする研究もありうる．また，新しい手法に取り組んだ場合には，比較実験を行わずに一旦は性能を見てみよう，ということもある．これらの場合でも，実験を行うことによりその研究の信頼性が高まるに違いない．例えば，卒業研究の発表会の場で，「そのアプリケーションは，本当に目的に対して有効なのですか？」という基本的な質問が出ることがある．実験を経ていればこのような質問を受けずに済み，実験方法や結果から，アプリケーションそのものについてのより本質的な議論も可能になる．

演習 5.1. 本節では，食品のダイエット効果の例を挙げ，5名中3名の体重が下がっただけではその効果の主張には無理があることを述べた．では，どのような実験，解析を行い，どのような結果ならこういった事柄を主張できるであろうか．この節までの段落で，言えそうなことを挙げよ．

演習 5.2. 身のまわりで，実験を経ずに主張されていると思われる事例として，どんなものが挙げられるだろうか．また，その主張が及ぼす社会的影響について考察せよ．

5.2 実験の準備

5.2.1 計測後を見通した実験デザイン

実験デザインが必要な理由は，前節でお分かりいただけたであろう．無意味な実験にならないよう，調べたいことを明確にし，どういった条件の計測が必要なのか，何を計測するのかを決めてから実験を行わなければならない．

この節では，さらにその先まで見通すことについて説明する．例えば，実験で得られたデータに含まれる変数の性質から決まる検定法などを決めておくこと，などが含まれる．後の節で述べるが，実験を行った後で実験条件や得られたデータの性質を変えることは不可能である．だからこそ，実験を行う前にこういったことを見通しておく必要がある．無駄な実験を行うことは，時間や機材，あるいは試料の無駄遣いの観点から避けるべきであろう．

なお，ここでは実験デザインという観点からの実験準備について説明する．いわゆる実験における計測機器の準備やその利用方法，各データの解析方法などは非常に多岐に渡るため，それぞれの分野の専門書を参照されたり，教員から指導を受けたりすることで，習得していただきたい．

5.2.2 何を見通しておかなければならないのか

研究テーマの決定後に実験を行う際には，下記のような手順をとることになる（図5.2）．これらの工程を見通し，必要な条件，計測方法や対象，得られるデータに沿った検定法を定めることなどが実験デザインである．各工程でつまづいたら，前の段階，さらには前の前の段階まで戻ることになる．

様々な製品の開発においても，モックアップ[1]や試作機などができてから試験をするのではなく，設計段階で機能をテストすることが重要とされる．何をどこまで見通す必要があるのか，ぜひ考えてもらいたい．

図5.2に示した各工程を以下に概説する．

---

[1] 製品の外観を似せた模型のこと．機能はない．

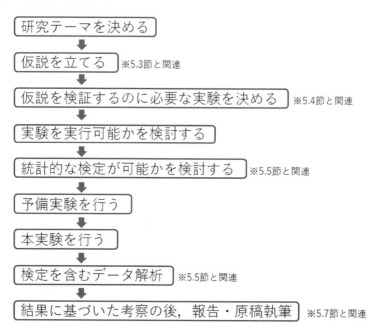

図5.2　実験デザインの流れ

仮説を立てる　実験を行うということは，何らかの調べたい，明らかにしたい対象があるはずである．その際に，あなたが「こうなるはずだ」と考えていることが仮説に該当する．それが思い込みや信念に基づくものであっても，説明の際には客観性が求められる．そして，その仮説を明らかにするための実験デザインが必要である．

仮説を検証するのに必要な実験を決める　実験条件の設定も重要な要素である．条件Aと条件Bを用意し，これらを比べることで仮説が明らかになる，という流れである．仮説がどのようなものかによって，用意すべき実験条件は大きく異なる．3条件より多くの実験条件が必要な場合もある．

実験を実行可能かを検討する　実験の実施には，あらゆる要素からその実現の検討が必要である．日程，技術や知識，人員，被験者実験であれば被験

者の募集，機材の準備，薬品や材料など，実は多くの要素が関わっている．高額な機器を必要とし，周囲にその機器が存在しない，あるいは使用が現実的ではない場合には，研究室で購入可能かを教員に相談する必要がある．また，実験内容が，倫理的に問題のないものかについても検討が必要である．

統計的な検定が可能かを検討する　工学系の研究において必須の処理過程として，検定が挙げられる．古い論文には，検定を行わずに主張がなされているものもあるが，現代ではまず受け入れられない．実験により得られるデータはどのような性質を持つ数値か，比較実験なら対応か独立かなどに注意し，あらかじめ検定法を定めておくのがよい．また，先に立てた仮説に従えばどのようなグラフになるかについても確認しておくと，計画の問題点にも気づける可能性がある．

予備実験を行う　予備実験とは，これまでの段階で立てた実験計画に従い，少数のサンプルで実験を行うことを指す．多くのサンプルを伴う本実験を行う前に予備実験を行うことで，実験計画の誤りに気づき，実験デザインを修正できる可能性が上がる．また，この段階で仮説とは真逆の傾向になるようなこともあるであろう．それでも本実験を行う場合もあれば，研究計画の練り直しを行う場合もある．指導教員とよく打ち合わせを行う必要がある．

本実験を行う　多くのサンプルに基づく実験を行う．実験を行いながらデータを記録，入力することで，ミスに気づけるかもしれない．

検定を含むデータ解析　得られたデータの解析を行う．その際，平均値の差などの表面的な解析だけでなく，検定をはじめとする統計的な解析を行う．

結果に基づいた考察と，報告・原稿執筆　得られたデータから，何が言えるのかを考察する．実験で行ったことは研究テーマに関係することであるため，このことを忘れずに考察を行おう．報告書の執筆では，読み手に実験の目的，仮説，方法，結果などが伝わるよう，客観的な視点からの記述を心掛けてもらいたい．

演習 5.3. 研究テーマを立てた段階で，すぐに実験に取り掛かってはいけないのはなぜか．

5.3　実験と仮説

　実験を行う際には，研究テーマに沿った仮説が必要である．仮説の重要性について，実験デザインの観点から説明する．本章は実験デザインを扱うため，PBL (Project Based Learning)[2] や卒業研究などでの研究テーマがある程度決まっている前提で話を進めることにする．適切な実験デザインを行うためには，研究テーマについてよく考え，理解する必要がある．

5.3.1　先行研究の調査方法

　ほとんどの研究テーマの設定では，新規性を問われるのではなかろうか．考えついた研究テーマに新規性があるか否かを知るためには，これまでに当該分野で行われた先行研究を調べる必要がある．せっかく実施した卒業研究であっても，これまでに誰かが調べ終わったことであればあまり意味がない．筆者が，研究室の学生達に研究の新規性について説明する際には，スマートフォンを例に説明している．「スマートフォンを卒業研究で作れたらすごいけど，研究としては意味はないよね，だってもう存在しているのだから」という理屈となる．また，いままでわからないことをあなたが明らかにし，人類の持つ知識を少しでも増やし，見通せる範囲を少しでも広げることが研究の意義であると言える．

　具体的に，どのような先行研究の調査方法があるだろうか．もちろん教員や先輩，研究室内の友人に聞くことも重要であるが，ここでは自主的に先行研究を調査する方法について触れる．

　研究室内であれば，研究室の蔵書や論文誌，研究会資料などを読むことで，先行研究を知ることができるだろう．インターネットの発達した現代では，オンラインでの調査も可能である．だが，一般的な検索では学術分野以

---

[2] 問題解決型学習，課題解決型学習と呼ばれる．受講者が自ら問題を発見し解決する能力を養うための教育法.

外の検索も行われてしまう．こういった情報が大事な場合もあるが，ここでは学術的な先行研究の調査に話を限定する．Googleの検索においては，学術分野に限定できる Google Scholar というサイトがある．これを使うことで，より効率のよい先行研究の検索が可能になる．

別の方法として，和文の様々な発表をまとめ，検索可能とするサイトを利用する方法もある．日本国内であれば，NII 学術情報ナビゲータ CiNii[1] や総合学術電子ジャーナルサイト J-Stage[2] などが知られている．目的の分野が絞れていて，その分野の雑誌もわかっているのであれば，雑誌のサイトを訪ねるのもよいだろう．できれば英語の論文を読むことにも挑戦してもらいたい．研究活動は日本だけで行われているわけではない．世界中で行われている先行研究を知ることは，井の中の蛙にならないための方法の1つである．

5.3.2 仮説とは

仮説とは，文字通り仮の説である．新規性も踏まえて考えると，まだ立証されていない説とも言える．前節のように，「ある食べ物には体重を減らす効果がある」でもよいし，「あるアルゴリズムは高速に解探索が可能である」というものでもよい．まずは，自分の持っている仮説を明確にしよう．

なぜ仮説が重要なのかというと，仮説によって実験方法がほとんど決まるためである．つまり，仮説を検証するのが実験なのである．上記の例で言えば，ある食べ物には体重を減らす効果がある，ということを明らかにするのが実験なのである．

ここで重要なのは，何となく示された仮説の中に含まれている前提条件まで見通すことである．例えば，ある食べ物は体重を減らす効果がある，という仮説は，一見，その食べ物を一定期間摂取したら体重が減少する，ということを言っているだけなのだが，その裏には，「他の食べ物を摂取した場合よりも」などの隠れた前提条件がある場合が多い．

5.3.3 仮説を検証する実験

食品の話から情報工学の話に戻ろう．「あるアルゴリズムは高速な経路探索が可能である」という仮説に含まれている前提条件として，どんなものを

思いつくであろうか．高速に，ということから，どれくらい速いのか，という連想が可能である．その先には，従来のアルゴリズムよりも速い，という前提条件がある．

　例えば，経路探索を行うアルゴリズムの中で，大きく計算コストがかかっている処理が明らかになり，ある手法により効率的にその箇所の処理を行える可能性があるとしよう．この場合，その手法を組み込むことで従来法よりも高速に解探索を実現できるという仮説を立てることができる．この考え方に基づけば，もとのアルゴリズムと，その手法を組み込んだアルゴリズムを比較することで，仮説の検証につながるため，そのような実験を設計することにつながる．

　こういったことを考えてみると，実験デザインに必要な最初のステップは，その研究の仮説は何か，ということを明らかにすることである．それを掘り下げて，どのような実験，何と何を比べれば仮説を明らかにすることになるのか，を突き詰めていくことになるのである．

演習 5.4. 興味を持っている技術や研究テーマについて，実際に Google Scholar，CiNii，J-Stage のサイトで検索をかけてみよう．どのような先行研究が見つかるであろうか．検索結果で得られた論文そのものを読める場合もあるため，ぜひ読んでみよう．

演習 5.5. あなたが興味を持っている研究テーマについても仮説があるはずである．どのような仮説であろうか．

5.4　実験条件と統制

　研究テーマに即した仮説を立てられたとしても，従来法との比較や，比較のための適切な条件が設定されなければ，客観的に提案手法の有意性を示すことはできない．本節では，このような実験条件の設定について説明する．

5.4.1　対照条件

　前節の例は食物の摂取による体重減少効果の実験であったが，このような実験の考え方は工学分野にも適用できる．例えば，ある楽曲のリラクセー

ション効果や集中力に及ぼす効果を調査することを考えてみよう．既存の楽曲でも，何らかのアルゴリズムを用いて作曲・編曲したものを考えてもかまわない．リラクセーション効果であれば，アンケートや生体信号などの指標により被験者の状態を観察し，楽曲を聴取する前後で状態の変化を観察する方法がありうる．ただし，このときに注意が必要なことは，指標の数値がリラックス側に変化したとしても，それが本当に楽曲聴取によるものと言えるのか，という点である．具体的に言うと，楽曲を聴取しなくとも同じような数値の変化が観察されるかもしれない．こうなると，無刺激条件を伴う比較実験となる．

　あるアルゴリズムを提案し，それによって作られた楽曲の効果を調べたいとしよう．上で述べたように，無音と比較するというのは1つの方法である．しかしながら，自動作曲のアルゴリズムが初めて提案されたのならともかく，従来法があるのであれば，それとの対決が必要となる．別の案としては，既存の，いわゆる市販の楽曲との対決も考えられるであろう．これらの場合について考えてみると，提案手法との比較の相手によって主張できることが異なることに気づくであろう．すなわち，従来のアルゴリズムとの比較では「提案手法は従来法より優れている」と言えるし，既存の楽曲との比較では「提案手法によって既存の楽曲より良い楽曲を創り出せる」と言える．

　これらのケースにおける，従来法などの比較対象となる実験条件を**対照条件** (Control) と呼ぶ．また，対照条件を設ける実験を**対照実験** (Control experiment) と呼ぶ．先ほどの話で言えば，対照条件を設定することで，提案手法と従来法との手法としての差が，実験結果としての差と対応付けられるため，「手法の差が，結果の差になった」と理解できる．

5.4.2　統　制

　実験では，用いる実験条件の間で調べたい要素のみを変え，それ以外の要素は完全にそろえて比較実験をすべきである．この操作を**統制**と呼ぶ．そして，**独立変数**（independent variable，説明変数ともいう）となる調べたい要素に対し，**従属変数**（dependent variable，目的変数ともいう）となる数値を計測・観察することで，調べたい要素の影響が明らかになる（図5.3）．

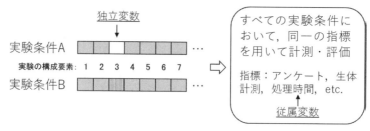

図5.3　独立変数と従属変数

　これらの変数は，関数 $y = f(x)$ における x を独立変数，y を従属変数という形で説明できる．つまり，独立変数を与えるとその結果として従属変数が得られることになる．また，ある実験条件で x を与えて y を観測し，別の実験条件では x のある要素を変更した x' を与えて y' を観測することで，変更した要素の影響を y と y' の差から調べることができる．

　独立変数は，実験により調べたい要素であり，図5.3では要素3となる．その要素のみを変更することは，実験計画において非常に重要な点だが見落とされやすい．例えば，異なるアルゴリズムA，Bで効果を施された画像A，Bの印象評価を行う際に，いずれの画像もまったく同じ環境で被験者に見てもらい，評価してもらう必要がある．異なるモニターで見てもらったり，画像Aは自宅で視聴し，画像Bは研究室で視聴したりといったように，調べたい要素とは別の要素においても実験条件間で違いがあれば，印象評価にアルゴリズムだけでなく，視聴環境も影響することになり，結局，何が影響したのかがわからないことになる．

　身近な例えでは，ダイエットや筋力トレーニングなどがわかりやすいであろう．前者であれば，痩せると言われるサプリを飲む，ジョギングをする，おやつを減らす，などの方法があるが，多くの場合，複数の方法を同時に試しているように思われる．その結果，体重が減ってもどれが効いたのかはよくわからない，ということが起きる．個人の話であれば，とにかく体重が減ればOKとなるが，実験ではそうはいかない．どの要素が影響したのかがわからなければ意味がない，という場合がほとんどである．

　実験における統制の問題はなかなか難しく，ある狙った1，2の要素のみを変えることを忘れてしまう場合もある．楽曲の聴取で言えば，楽曲AとBの間で規格や音質が異なる場合がありうる．見逃しがちな具体例としては，音を聴取する実験において無音条件を用いた場合に，無音だからといってヘッドフォンなどを装着しない場合が挙げられる．条件間で何らかの違いが見られた際に，聴取した音コンテンツの違いだけでなく，ヘッドフォンを装着していたこと自体が何らかの影響を及ぼす可能性がある．そのため，無音でもヘッドフォンを装着しておく必要がある．実は，ヘッドマウントディスプレイの利用などにも言えることである．

　比較実験を実現するためには，図5.3の右側にあるように，実験条件間で同じデータを計測する必要もある．このようなことは当たり前のようで意外に実現されていないケースがある．ひどい例では，比較すべき複数条件の間で，異なるアンケートが用いられている例もある．言うまでもなく，これでは条件間の比較にならない．こういったことが当てはまらない特殊な例としては，何らかの刺激に対するアンケートの中で，対照条件として無刺激が扱われる場合は回答しようのないアンケート項目も存在しうる．無意味な項目ではないが，比較には使えないことになる．

5.4.3　何を計測するか

　実験において何を計測するかは，研究目的に依存するため，細かいことまではここでは述べられない．人間を対象とする実験で計測することの多いデータとして，アンケートデータと生体情報について，簡単に説明する．

　何かの刺激について，その印象や心理的影響を調査するアンケートとして，SD法 (Semantic Differential method) がある．例えば，5段階のSD法で対象の明るさの印象を調べる例としては，

　　1：非常に暗い
　　2：やや暗い
　　3：どちらでもない
　　4：やや明るい
　　5：非常に明るい

というアンケートがありうる．1と5を見てわかるように，端に真逆の印象となる形容詞対を，中央にどちらでもないというニュートラルなものを置く点に特徴がある．一般的には，先行研究を参考にしてこういった形容詞を選択するが，場合によっては多くの形容詞から目的に沿ったものを抽出するためのアンケートを行うケースもある．また，2つの刺激を比較していずれかを選択する一対比較法もよく用いられる手法である．

生体情報をもとに，被験者の状況を推定することも重要な技術である．図5.4は心電図の一例であり，サンプリングレート500 Hz，20秒間のデータである．つまり，10000点の数値データともいえる．上方向に尖ったR波を検出することで心拍時刻を推定し，そのゆらぎをもとに自律神経活動を評価することが可能である [3]．研究目的に応じて，呼吸や視線，体動を計測する場合もあり，それぞれに応じた解析方法がある．計測装置を用いずに，何らかの作業にかかる時間を計測するような実験も考えられる．さらに，Brain Computer Interface のように，脳の情報からユーザの意図を推定するとともに，それを何かの操作に生かす技術も進んでいる．この技術の前段階としては，動作・意図と脳波を結び付けるための多くの実験が繰り返されたことは想像に難くない．脳波に関しては，集中や弛緩をはじめとする情動の推定にも利用される．

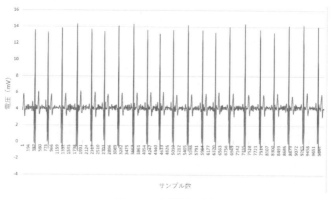

図5.4 心電図の例

5.4.4 被験者に対する心構え

人間を相手にする場合は，学習してしまう効果も考える必要がある．例えば，複数条件を含む実験において，1条件目に参加することで実験の目的がわかってしまう場合や，2条件目以降に大きな影響の出る場合などは，同じ被験者がすべての条件に参加することは好ましくない．となると，各条件に別の被験者群が参加することになる．異なる属性を持つ被験者達を2つ以上の群に分け，同じアンケートに回答してもらう場合も同様である．

被験者を相手にするということは，実はなかなか難しい問題である．個人差があることは大前提であり，さらに一人の被験者に注目した場合でも様々な環境情報に影響を受けやすいものである．上述したように実験の狙いがわかってしまうことで，純粋な評価を引き出すことが困難になるケースが多い．とくに，研究室で実験を行う場合，協力的な学生さんが良い結果になるように頑張ってくれる（頑張ってくれてしまう）ケースがある．より極端な例だと，メンバー同士で情報を共有して，「こうした方が良い実験結果になるのでは？」などと複数の学生さんが協力してくれるという話を耳にしたことがあるが，お分かりのようにこれではちゃんとした実験結果とは言えない．学会発表や論文投稿にはつなげられるが，科学の発展にはつながらない．そればかりか，他の研究者が追試を行った際に，おかしなことになる可能性すらある．

こういったことを防ぐためには，被験者に実験の狙いを悟られないようにする必要がある．もし被験者が興味から「何が目的の実験なの？」「さっきのアンケートはこう答えればよかったんだよね？」という質問をすることがあっても，「実験が完全に終わるまで待ってね」と返事をしてもらいたい．これが，真実を追求する実験者としてのあるべき姿勢である．

被験者実験において難しいのは，被験者に自然な状態で実験に参加してもらうことである．例えば，あなた自身が被験者で，指導教員から実験の被験者を依頼されたとしたらどうであろうか？良い結果を出そうと，考えてしまう方もいるかもしれない．実験者との人間関係はもちろんのこと，説明の仕方などで実験に参加することに対して緊張したり，逆にフランクになりすぎたりすることもありうる．生理実験の方法に関して説明した文献[4]では，

被験者に極度な緊張が見られる場合にはそれをほぐすこと，被験者と面識の
ある場合は白衣を着用するなどして改まった態度をとること，などを勧めて
いる．何もかもを最初からうまくやることは難しいが，ぜひ参考にしてもら
いたい．

5.4.5 順序効果の防止

いくつかの刺激 A，B，C，··· を被験者に体験してもらい，各刺激に対す
る印象評価をしてもらうとしよう．あるいは，生体計測などを行うケースも
考えられるであろう．その際，刺激の提示順は，アンケートや生体計測の結
果に影響を及ぼすであろうか？

刺激や実験に参加する行為に対する慣れや飽き，長時間の実験であれば疲
れの影響も出るであろう．このような刺激の提示順による効果を**順序効果**
(Order effect) と呼び，被験者実験では排除しなければならないノイズの 1
つである．まれに，順序効果が考慮されず，まったく同じ提示順で多くの被
験者に刺激を与えている実験があるが，人間を相手とする実験で順序効果が
発生しないケースは考えにくい．

では，どのような工夫があれば，順序効果を防止できるであろうか．1 つ
には，無作為化の考え方を取り入れ，刺激の提示順序をランダム化すること
が挙げられる．被験者間で提示順序がばらついていれば，順序効果の防止に
つながるであろう．ただし，ランダムにすると言っても，どこかで偏りが出
てしまうかもしれない．そこで，提示順序をランダム化しつつ，各刺激の
出番のバランスをとることが望ましい．3 種類の刺激 A，B，C であれば，
A→B→C，A→C→B，B→A→C，B→C→A，C→A→B，C→B→A，の
6 通りがある．これらができるだけ均等な確率で用いられるように調整する
ことで，実験自体の質を高めるのである．

順序効果が発生するのは，刺激 A を含む実験への参加が，次の刺激 B を
含む実験への参加に影響を及ぼす場合である．そのため，人間の被験者だけ
ではなく，動物を対象とする実験でも似たような効果が生まれる可能性が
ある．

逆に，順序効果が発生しないこの分野の実験としてわかりやすい例に，コ
ンピュータシミュレーションが挙げられる．異なるアルゴリズム A と B の

動作検証を行う際に，その実行順が結果に影響するようなことはほとんど考えられない．2021年時点では，人間の知覚や認知，感性を模したシミュレータの提案はなされているものの，まだ実現には至っていない．こういったシミュレータ，ロボットが実現すれば，人間の被験者実験と同様の順序効果に留意した実験が必要となるであろう．

演習 5.6. あなたが興味を持っている研究テーマについても仮説があるはずである．それを検証するために，どのような実験が必要かを考えてみよう．

演習 5.7. ある学生 A さんが，人工知能のアルゴリズムを用いてメロディの自動作曲を行おうとしている．生成されたメロディを再生する際は，MIDI (Musical Instrument Digital Interface) と呼ばれる音量や発音のタイミングを細かく操作し，揃えられる規格を利用する．4種類の調に合わせてメロディを生成し，それぞれの調に合ったものができることを確認したい．その際，調を反映する要素としてコード進行のような伴奏を入れるために，A さんは自分自身でギター演奏を行い4種の録音データを作ろうと考えた．

　このアイデアについて指導教員に相談したところ，伴奏データの作り方が実験の統制の観点から適さない方法であることを指摘された．なぜ適さない方法なのであろうか？

5.5　実験デザインから見た検定

　検定については第2章第4節で基礎的な説明がなされており，ここでは実験デザインの見地から検定について述べることとする．実験で得られたデータの解析において検定法を選択するという応用の観点から学んでもらいたい．

5.5.1　実験と検定

　検定とは，実験を通じて得られたデータを統計的にテストすることと言える．平均値などによらずにサンプル全体の特性を表現するとともに，ある仮説，例えば楽曲のリラクセーション効果など，があることを確率的に検証する方法である．つまり，A より B の方がリラックスできる，〇〇を摂取す

ると痩せる（摂取しない場合に比べて）ということを主張できることになるが，ここで重要なのは確率を用いる点にある．すなわち，ある主張をした際にそれがどのくらい稀に起きることであるかという確率を利用し，主張するのである．

　検定法には様々なものがあり，その中から適切なものを選ぶことになる．重要なことは，図5.2で述べたように，データを取った後に検定法を決めるのではなく，実験を始める前に得られたデータの統計解析における検定法を決めておく必要がある．なぜなら，実験方法の条件数，計測するデータの変数の特性により，既に統計解析の方法は決まるためである．悪いケースとしては，実験データの計測を終えた後に，適切な検定方法が見つからない，などということもありうる．知りたいこと，調べたいことが，実験方法で調べられるか否かも重要であるが，これは統計解析より前の段階の問題といえる．

　検定を別の言い方で説明すると，得られたデータがある目的について意味のある傾向をとっているか否かを確かめる方法である．皆さんが先行研究の調査を行った際に，実験結果の中で，p値や有意差などの用語を目にする機会があったのではないであろうか．実験を伴う多くの研究分野において，このような検定は避けては通れない問題であるため，しっかりと身に付けてもらいたい．なお，コンピュータで行うシミュレーションなどでは，検定を行わずに，多数の試行を繰り返し，得られた平均値のみで結果の比較を行う場合もあり，その分野特有の事情が垣間見える場合もある．この場合は，多数の試行と安定性が比較を可能にしていると考えられる．

5.5.2　検定の種類

　本書および本章は，あらゆる検定法を説明するための教科書ではないため，様々な検定法の説明は他の書籍 [5] に譲るものとする．多くの研究分野において検定の重要性が知れ渡るにつれ，検定法を理解するための良書が増えている．

　検定方法には様々なものがあり，最も有名なものは2試料の比較に用いられる t 検定であろうか．そのためか，多くの研究論文を読んでいると，とにかく（おそらく，よくわからないままに）t 検定を使うという傾向や，適さ

ないデータを無理やり t 検定で比較するケースが見られる．どのような検定があなたの実験で得られるデータの解析に適しているかを理解した上で用いる必要がある．

ここでは，情報工学とその周辺の分野でよく使われると思われる検定方法の概観を示したい．表 5.1 は，変数の性質と，試料の数およびブロックの性質ごとに分類した検定方法である．自身の興味に合わせ，よく知る検定方法から全体像の理解につなげていただきたい．この表は，生物統計に関する資料 [6] を参考に作成した．もとの表より，名義尺度の変数の列を省く，多元配置の解析を別の行に振り分けるなど，多くの改変を施しているものの，様々な検定法がどのように分類可能かを理解しやすい方法である．

表 5.1 検定の分類

変数の尺度水準	ノンパラメトリック検定		パラメトリック検定
	順位尺度	間隔，比率尺度	正規分布（間隔尺度）
1 試料	コルモゴロフ-スミルノフ (Kolmogorov-Smirnov) の 1 試料検定 1 試料連検定		1 試料 t 検定法
関連 2 群	符号検定 ウィルコクソン (Wilcoxon) 符号順位検定	対応 2 試料 無作為化検定	対応関係のある t 検定
独立 2 群	マン-ホイットニー (Mann-Whitney) 検定	独立 2 試料 無作為化検定	対応関係のない t 検定
関連多群	フリードマン (Friedman) 検定		
独立多群	クラスカル-ウォリス (Kruskal-Wallis) 検定		一元配置分散分析
関連多群（多元）			繰り返しのある 二元配置分散分析
独立多群（多元）			繰り返しのない 二元配置分散分析

この表の見方について，まず行方向にあたる関連，独立などについて説明する．これらの例は，2 群の比較の例でもある．

　関連とは，2つのデータについて関連があるという意味であり，対応がある，と説明する場合もある．例えば，同じ被験者群から得られた2つのデータが該当し，被験者 A，B，…のそれぞれが，刺激1と刺激2についてアンケートを回答したデータなどがありうる．そのため，刺激1と刺激2のサンプル数が一致する．

　一方，独立とは，関連がないという意味である．つまり2つのデータが異なる被験者群から得られていることになるため，刺激1と2のそれぞれに対するアンケートデータなどのサンプル数が異なる場合がある．例えば，刺激 A と B の効果を調べたいのだが，学習効果が邪魔をする，すなわち刺激 A を受けたことで刺激 B の影響を調べることが困難になる場合などは，異なる被験者群で実験を行うことになり，この条件に合う検定法を用いる必要がある．

　多群は，3群以上の試料がある場合に，施した処理や与えた刺激の違いが影響を与えたか，を調査する方法である．例えば，与えた音 A，B，C についての印象評価や生体の変化に及ぼす影響などである．こう書くと，3群の中での対比較（A と B の差など）も気になるところではあるが，この処理は多重比較の節を参照されたい．

　多元は，4群以上の試料があり，独立変数の2要素を変更した場合に用いられる．多くの場合は2要素の配置となり，二元配置分散分析 (Analysis of variance) が用いられる．例として，要素 A について0と1をとり，要素 B について0と1をとる場合を考えてみると，要素 A と B の組み合わせにおいて，00，01，10，11という 2×2 のブロックとして考えることができる．結果として，各要素が影響を与えていることや，交互作用のあることを検証できる．

　表の列方向にあたる変数の尺度水準については，第2章第1節を参照されたい．変数の尺度水準を実験を行う観点から見ると，どのような性質を持ったデータなのかということである．なお，正規分布（間隔尺度）は，間隔尺度の変数が正規分布の特性を持っている場合を意味する．

　注意が必要なのは，変数の性質によって適用可能な検定法が決まるということである．例えば，順序尺度の変数は，5段階，7段階のアンケートなどで得られるデータが相当する．この変数は，飽くまで大小関係があるという

だけで，間隔尺度や比率尺度の性質を持たないということである．

一例として，評定尺度法を用いて騒音の評価を行うとすると，

> 1：非常に小さい
> 2：小さい
> 3：やや小さい
> 4：どちらともいえない
> 5：やや大きい
> 6：大きい
> 7：非常に大きい

のような7段階の評価を用いて対象の音量を判断する例が考えられる．この例は，音の評価について述べた書籍 [7] からお借りした．この中で，評価値1と2差と評価値2と3の差は同じではなく，また，評価値2に対して評価値4は大きな値であるが倍の評価値ではない．これが，データに大小関係はあるが，等間隔，等比ではないという意味である．

5.5.3　ノンパラメトリック検定

ノンパラメトリック検定は，扱う変数が正規分布をとらない場合に用いられる検定法の分類であり，アンケートデータの統計解析などに用いられることが多い．t 検定と比べると知られていない検定法が多いが，理解しやすい側面があるため，ぜひ身に付けてもらいたい．また，符号検定とウィルコクソン (Wilcoxon) 符号順位検定の説明を通じ，同じようなアンケートデータでもそれぞれの検定法で扱うデータの質が異なることを理解してもらいたい．

符号検定の処理

検定の方法には様々なものがある．ここでは，シンプルでわかりやすく，5段階，7段階のアンケートデータの統計解析に用いられることの多い符号検定を紹介する．

水路があり，そこに上流から水が流れている．上流は2つの水路に分かれている．もとの水路に魚をそっと入れ，どちらの水路に進むかを観察してみ

よう．もちろん，2つの水路の太さや水流の量は等しいものとする．さて，10匹の魚で順にこのような試行を試みたときに，右の水路にだけ進むことはどれくらいの確率で起きるだろう．

　2の10乗という形で，全部の起きるパターンを考えると1024通りあり，右の水路にだけ，となると1通りしかないため，1024分の1であることがわかる．左だけでも同様である．では，右に9匹進むのはどうだろうか？$_{10}C_1$で10通りあるため，1024分の10ということになる．このように右に進む数をカウントしていくと，図5.5の確率分布を得られる．これは，2.2.3節に説明がある，事象の発生確率pを0.5，試行回数nを10とした場合の二項分布である．無作為な状態で10匹すべてが右に進む確率は非常に低く，「非常に起きにくいこと」が起きていると言える．

　さて，このような前提で起きそうなことを確率分布として示した後に，実施に10匹の魚を入れて試行してみたところ，4〜6匹程度となるかと思いきや，9匹が右にばかり進む結果となった．さて，これはどれくらい稀に起きる結果であろうか．また，この結果から何が言えるであろうか．

　図5.5の右側から見ていくと，10匹中10匹が右に行くケースがまずあり，9匹が進むケースはその次である．符号検定では，これを右から足していく．すなわち，$1 + 10$を行い，1024で割ることで，9匹が右に進むケースの稀さを表現する．得られた値がp値であり，$11/1024 = 0.011$となる．

　ここで，両側検定と片側検定についても考えなければならない．もとからどちらが大きくなるかなどを仮定せずに「異なること」を調べたい場合は両側検定となり，先ほど得られた値を2倍することで最終的なp値を得られる．片側検定は，AとBを比べる際に，Aの方が「大きいこと」あるいは「小さいこと」を調べる，というように事前の仮定がなされている場合に用いられ，この場合は2倍する必要がない．事前の仮定は実験デザインの段階でなされているはずであり，検定を行う段階になって両側か片側かを悩むのは本来はおかしなことである．なお，工学分野の実験ではある条件での値が対照条件より高くなる，という仮説を持っていても，実際にはどちらに転ぶかわからない場合も多い．そのためか，両側検定が用いられることが多い．

　さて，両側検定を用いるという前提として，先ほどの条件で得られた$p = 0.021$から何が言えるであろうか．研究分野で一般的に用いられる有意

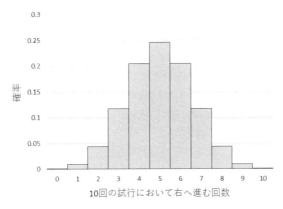

図 **5.5** 10 匹の進路の確率分布. 二項分布でもある.

水準 5% は 0.05 であり, つまり得られた p 値が 0.05 を下回った場合に有意差があるという. この例では, 右に進むことが統計的に有意に多く, この魚に右に進みやすい性質がある, ということを言えることになる. すなわち, 「どちらかに進みやすいという性質はない」という帰無仮説を棄却することになる. 実際の実験では, 右と左の水源のいずれかに微量な要素, 例えば異性の個体や天敵, 何らかの餌を入れておき, 結果を調べることにより有意な違いが出ればこれらの条件を水流のみで認識できることがわかる.

　有意水準として, 1% や 0.1% などの複数の水準を用いる場合もある. さらに, 10% の水準も設定し, 有意傾向がある, という説明を行う場合もある. 高めの有意水準に設定することは誤って帰無仮説を棄却してしまう第一種の誤りにつながるが, 少しでもその可能性のあることを発見することにつながる. 空港の金属探知や病気の早期発見の考え方である. 逆に, 低めの有意水準を用いることは, 誤って対立仮説を採用しない第二種の誤りにつながることになるが, 慎重な判断を求められるときには必要な措置と言える（第一種の誤り, 第二種の誤りについては p. 59 を参照のこと）. こういった水準や片側 or 両側といった設定は, 本来は研究者本人が目的をもって任意に設定できるものである. あなたが関わる分野の一般的な設定を学び, これらの設定の意味を理解した上で使ってもらいたい.

　符号検定を適用できる例として，実際に研究の場面でありそうなケースは次のようなものであろう．新たな自動作曲アルゴリズムを提案し，そのリラクセーション効果についての有効性を主張したいとする．対照条件には，何も聴取しない場合や，従来の自動作曲アルゴリズムを用いることなどが考えられる．有意差が見られた場合は，それぞれ，そのアルゴリズムにはリラクセーション効果がある，従来法より高いリラクセーション効果がある，と説明できることになる．

　表5.2のデータについて，符号検定を適用してみよう．これは，条件ごとの被験者の評価値データである．10名の被験者A〜Jが両方のアルゴリズムから作られた楽曲を聴き，それぞれについてリラクセーションの程度についてアンケートに回答し，以下のような点数となった．点数が高い方がリラクセーション効果が高いものとする．順序効果を打ち消す方法やアンケートの作成方法は別の章に譲る．実験を行った結果，表5.2のように10名中7名が提案手法において高い値となった．

表5.2　自動作曲アルゴリズムにより生成された楽曲に対する
　　　　アンケートデータ

	A	B	C	D	E	F	G	H	I	J
対照条件	3	4	3	5	4	2	3	4	2	4
自動作曲	5	3	5	6	5	5	6	6	1	4
符号	+	−	+	+	+	+	+	+	−	0

　両側検定をもとに，この場合のp値を求めてみよう．符号検定の前処理として，条件間で同値である被験者Jのデータを除くため，全9サンプルとみなす．すなわち，全部で512通りの＋，−の組み合わせがありうることとなる．また，負となるのは被験者BおよびIの2サンプルである．p値は，${}_9C_0$，${}_9C_1$，${}_9C_2$の和を512で割り，両側検定であるためその値を2倍して得られる．すなわち，$p = (1 + 9 + 36)/256 = 0.180$となり，有意水準5%では「対照条件と自動作曲条件の間には差があるとはいえない」ということ

になる．これは，対照条件の設定にもよるが，「自動作曲がもたらす心理的な効果はない」などの結果の説明につながる．

演習 5.8. 表5.2のデータを得た段階から実験を継続し，さらに3名の被験者K, L, Mのサンプルを得た．その結果，これらの3名については符号が＋すなわち自動作曲条件において高い評価値となったとする．このデータについて，符号検定をもとにp値を求めよ．

ウィルコクソン符号順位検定

　符号検定では，7段階のアンケートデータについて2群の統計的な比較を行った．そこでは，符号，すなわち被験者ごとのアンケートデータの大小が比較の鍵であった．一方で，表5.2を眺めると，大小関係のみで比較を行っており，条件間の差が1でも3でも同じように扱われてしまっている．つまり，情報として抜け落ちてしまっている部分がある．

　ウィルコクソン符号順位検定は，符号検定と同じく7段階アンケートのような2群のデータを統計的に比較する検定法であり，上で述べた差の大きさまで考慮する検定法である．表5.3のうち，差の行を見ていただきたい．この差は，評価値について，自動作曲条件から対照条件の値を引いたものである．一口にプラス，マイナスと言ってもそれぞれの絶対値には違いがあり，符号検定はこの段階の情報までしか扱わない．

　では，これらの値をどのように検定に生かせるであろうか．表5.3の下部は，先ほどまでに述べた評価値の差，差の絶対値，さらに差の絶対値の順位を示したものである．差の絶対値の順位については，小さいものから昇順に順位を付けるとともに，値が等しい場合は平均順位とする．これらの和は，サンプル数から1までの整数の和と等しくなる．また，下線を付した値は，差が負であった値に関する順位である．差の絶対値の順位を用いることで，もとの値の差が最下段に影響することがわかる．

　一般的なウィルコクソン符号順位検定では，下線を付された値の和が検定のための指標となる．ここでは，5となる．よくあるケースでは，この値をもとにサンプル数と有意水準の関係を表した表と照らし合わせることで，有意差があるか否かを確認する．ここでは，差が0の場合は無視するため，サ

ンプル数は9，指標は5である．統計の書籍 [5] の付表における両側検定の有意水準5％を見ると5であるため，ここでは5％で有意な違いがあるということになる．

表 **5.3**　自動作曲アルゴリズムにより生成された楽曲に対するアンケートデータの処理の拡張

	A	B	C	D	E	F	G	H	I	J
対照条件	3	4	3	5	4	2	3	4	2	4
自動作曲	5	3	5	6	5	5	6	6	1	4
符号	+	−	+	+	+	+	+	+	−	0
差	2	-1	2	1	1	3	3	2	-1	0
差の絶対値	2	1	2	1	1	3	3	2	1	0
差の絶対値の順位	6	<u>2.5</u>	6	2.5	2.5	8.5	8.5	6	<u>2.5</u>	

5.5.4　パラメトリック検定

間隔尺度からなる変数のデータがあり，なおかつそのデータが正規分布をとる場合に用いることのできる検定法である．そのデータのパラメータ，すなわち平均値や標準偏差をもとに検定を行うことになる．論文などで見かけることの多い2群の差を調べるt検定（第2章第4節を参照されたい）や，分散分析もここに含まれる．

5.5.5　多重比較

先ほどまで述べたように，3群以上の試料の中でAとB，AとC，BとCのように2群の比較を繰り返し，群間比較を行いたくなるであろう．このときに気を付けたいのが，2群の比較を繰り返すうちに，実際には差がないにもかかわらず差がある結果となるという多重性の問題である．少々難しい話になるが，3群以上存在するデータのうちからペアの検定を行うことは帰無仮説が複数存在することになり，全体の有意水準が大きくなってしまうという説明の仕方もできる．

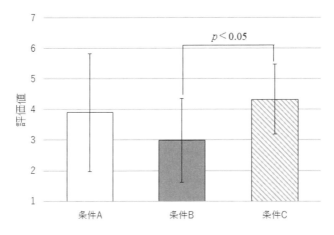

図 5.6 多重比較の例. 条件 B と条件 C の間で有意な差がある ($p < 0.05$) という結果であるが, 実際には 0.05 よりも厳しい有意水準で計算を行っている.

この問題を防ぐために, **多重比較**がある. 3 群以上の試料からペアを取り出し, 繰り返し 2 群の比較を行う場合には, その数, 比較の条件に応じ, 有意水準を下げるという方法である. 図 5.6 においても 2 群の比較を 3 度繰り返しており, 条件 B と条件 C の間でのみ 0.05 という水準で有意な差があるという結果であった. しかし, 実際には 0.05 より厳しい有意水準によりこのような判定を行っている.

多重比較の方法には様々なものがあるため, 実験で用いる群の数, 比較の条件により, 適切な方法を選んでもらいたい.「統計的多重比較法の基礎」[8] を始め, 統計関係の書籍にも記載がある. 最もシンプルなボンフェローニ法では, 実験全体の帰無仮説の数で有意水準を除算する, つまり有意水準を厳しくすることとなる. 図 5.6 の例で言えば, 3 条件の実験の各ペア間に違いがあるという 3 つの仮説, 条件 $A \neq$ 条件 B, 条件 $A \neq$ 条件 C, 条件 $B \neq$ 条件 C, がある (この説明は両側検定を前提としており, 帰無仮説は条件間で = である). そのため, 0.05 で有意差がある, と言いたい場合には 0.05/3 という水準で計算する必要がある.

ボンフェローニ法の例からわかるように，多重比較では基本的に群の数が多いほど帰無仮説が増え，有意水準の調整も大きくなるため，様々な条件を一度に比較したいという探求心とやる気があっても，無為に群数を増やすことはお勧めできない．狙いを絞って実験を行う必要がある．

5.5.6 検定をあらかじめ選択しておくことの重要性

検定法には様々なものがあるが，表5.1を見てわかるように，セルに空きがあり，変数と行いたい検定の群の組み合わせによっては，検定法が存在しない場合がある．実験前に作戦を練っておかなければ，データが揃った後に，検定ができないということもありうるのである．

間隔・比率尺度の変数は順位尺度の性質も備えているため，順位尺度の変数として扱うことで検定法を見つけられるかもしれない．問題となるのは逆のパターンすなわち順位尺度の変数を得たものの，間隔・比率尺度，あるいはパラメトリック検定でしか求めている検定ができない場合である．

筆者の経験した例を紹介しよう．複数の感覚に同時に刺激を与えるメディアの組み合わせの効果を調査する研究を行ったことがある．こういった感覚では視覚と聴覚の組み合わせが調査の主対象であったが，音楽と香りを同時に提示することでどのような印象の変化が起きるであろうか？ これが当時のテーマであり，こういったメディアの組み合わせの中では，香りの効果は小さくはないが，他のメディアに比べると主効果として観察されてはいなかった．仮説は，この組み合わせにおいても香りの主効果がある，であった．

行った実験は，2×2 のブロック配置と呼ばれるものであり，2種類の楽曲と2種類の香りを用意し，それらの組み合わせを同時に提示した．対応のある実験とし，被験者29名全員が，4種類のセットを順に与えられ，アンケートにより複数の印象評価（例えばリラックスする：7 - 緊張する：1）と好みの程度など7段階のSD法を回答した．組み合わせの主効果，交互作用を検定により明らかにしたいわけである．サブテーマとして，4セットの中の2群の差を検定により明らかにしたい，という狙いもあった．

さて，この場合，どの検定方法を用いるべきであろうか．表5.1から選択してみよう．変数は，7段階のアンケートデータであり，順位尺度とわかる．行の方向を見ていくと，対応であり，4群の試料であるため，フリードマン

(Friedman) 検定のように思えるが，2×2 のブロックデザインに適しているのは二元配置分散分析である．つまり，二元配置分散分析を用いたいが，得られたデータは順位尺度であるため，変数の尺度水準が合わないという状況になったわけである．

　この問題は事前に予想可能であったため，各被験者のアンケート項目ごとにアンケートデータを正規化することで二元配置分散分析にかけられる形に変換した後に，解析を行った．また，念のために，変換を行わなかった場合についても似た解析結果を得て，このことを論文 [9] に記述した．査読者に納得してもらえ，めでたく論文として掲載されたものの，最初から実験計画に合う検定法があればこのような手続きは不要であり，すっきりと処理を進められるであろう．より良い方法があったのではないか，系列カテゴリー法などの方法を発展させてもとの変数と目的に合った検定法を作れるのではないか，と思い出すことがある．

演習 5.9. 符号検定とウィルコクソン符号順位検定を比較すると，共通点は何か．また，異なる点は何か．

5.6　研究活動における倫理

　ここまで，実験の方法，集めたサンプルの統計的な解析などを扱ってきた．慎重な計画のもとで実験をやらなければ正しい調査はできないということをお分かりいただけていることと思う．また，おそらくこれまでに科学が成し遂げてきた偉大な発見，技術開発の評価も同じようになされてきたはずであり，正しい方法であっても数えきれないトライ＆エラーがあったことも想像に難くない．

　また，多くの組織では，研究に関する倫理規定を定めている．所属している組織によってその内容は異なるが，とくに被験者実験やアンケートデータがある場合には確認が必要である．

5.6.1 捏 造

　実験は，研究目的のもとで調査したい事柄を検証するために行われる．また，それらの成果は，我々の社会に還元される．こういったことを台無しにしてしまうのが，存在しない実験結果などを作り出す捏造，実際の実験手法やデータなどを意図的に変える改ざん，他の研究者のデータや用語などを説明せずに流用する盗用などの，研究における不正行為である．

　一般的にこういったことが良くないとはわかってはいても，この手の不正はなくならない．その結果，後になってから論文の取り下げを行ったり，ニュースで取り上げられるような形で明かに不正を指摘されるようなことになる．ひいては，科学の進展を妨げることになる．皆さんも，こういった研究分野における不正行為に関し，新聞記事などを目にしたことがあるのではないであろうか．

　このような行為がなくならないのはなぜであろうか．1つには，研究成果を挙げなければならないという圧力の問題がある．これは，研究室内での圧力であったり一研究者として感じる圧力であったりと，様々な場面において起きうることである．

5.6.2　捏造の防止と不正のトライアングル

　例えば，不正のトライアングルについて理解し，捏造や改ざんなどの不正行為を防ぐという考え方がある．不正のトライアングルとは，米国の犯罪学者である D. R. クレッシーによって提唱された犯罪に関する理論であり，そこでは不正が起きる要素として「動機」「機会」「正当化」という3つの要素があるということを説明したものである．それぞれ，図5.7にあるように，

> **動機**：不正を行おうとする事情がある．例えば，成果を挙げなければならないというプレッシャーなどがある．
> **機会**：不正を行える環境がある．例えば，企業の会計管理を一人の従業員が行っているようなケースが考えられる．
> **正当化**：不正を行っても言い訳が通る，自身の不正行為に納得し必要なことだと考えている．

という形で説明できる．この理論に基づけば，これらの要素が揃ったときに不正が発生しやすいとされる．

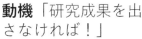

動機「研究成果を出さなければ！」

機会「不正を行っても，誰も気づかないだろう」

正当化「データの捏造を行うことは，研究室のために必要なことだ」

図**5.7** 不正のトライアングル研究倫理バージョン

この理論は，実際の犯罪を調査して導き出された理論であるが，現代においては企業活動における非倫理行為の防止策の立案などに適用されている．トライアングルのうちの1つの要素でも潰すということであり，わかりやすい例としては「機会」を生み出さないことが挙げられるであろう．何かの数値やデータをチェックする際に，一人ではなく複数人で相互にチェックすることで不正が起こる「機会」を大きく減らすことができる．いわば，不正のしようがない状態に近づけるのである．

こういった考え方は，個人の研究活動や，研究室の運営などにも生かすことができるであろう．例えば，実験のデータを個人で管理せずに，チームで共有し，相互にチェックするような方法である．これはまさに「機会」に着目した対策である．

私の研究室である被験者実験を行い，10名以上のサンプルを得ていたことがある．そのときに，一緒に活動していた学生さんと研究の打ち合わせを行い，「あと何名がプラスの結果なら統計的に意味のある結果になる，そう

なったら論文投稿をしよう」ということを話していた．残念ながら，もう一人というところでマイナスの結果となり，時間切れとなってしまった．検定の節を読んでもらうとわかるが，20程度のサンプルを得るのが困難な実験においては，1つのマイナスサンプルが出ると統計的に意味のある結果を得るためにより多くのサンプルが必要となる．こういった状況における実験者の心理は「動機」を得がちだが，「機会」，すなわちデータの改ざんなどを行うことを多人数が関わることで意図的に防ぐのである．

こういったことを書くと，プライドがないのかと怒られそうであるが，気持ちの持ちようだけで済まないことは，あらゆる業界の不正を見ているとわかるであろう．研究の世界においても同じであり，研究成果が出ないと卒業できない，職を得られない，昇格できない，ボスから圧力をかけられている，などのプレッシャーがかかっている状態では，まともな判断が困難な場合もあるため，上記のように「機会」を喪失させることで，方法論の観点から不正が起こらない研究の進め方を提案しているのである．

個人で行えることとしては，どのような研究・実験を行ったのかについて，ノートをとることで証拠を残すことである．日付や材料なども記述が必要である．その際，書いたことを消さないよう，ボールペンを用いることが重要である．アンケートを行う実験であれば，被験者自身にボールペンで記入，サインをしてもらうことも効果的であろう．何より大事なのは，時間の確保である．研究がうまく進む，実験により思い通りの結果が得られるとは限らないのだから，予備実験を行う，やり直す，改善してから実験する，などの手段を取れるようにしておくべきである．

5.6.3　研究の倫理

安全の確保，公正な研究の実施のために，国レベルでも研究の倫理が規定されている．また，機関ごとに倫理規定が定められていることが一般的になってきているため，皆さんが研究を行う上で，大学の審査を受審しなければならないケースも増えてくるであろう．

情報工学分野においては，シミュレーションを行うことで実験を進められるタイプの研究も多いが，一方で人間の主観評価や生体情報などの計測を要する研究もある．被験者実験を行う際には自由意思による参加が前提であ

り，またどのような実験であるかを十分に説明するいわゆるインフォームド
コンセントを実施した上での実験を行ってもらいたい．実験中に被験者が具
合が悪くなった際に，自主的にすぐに中断できるような配慮も必要である．

　また，医工学に近い研究や，薬品を使う研究室もあるであろう．実験で用
いる機器やプログラミング言語の詳細に触れられないように，ここでは各研
究分野の倫理規定までは説明できないため，各機関でどのような倫理規定を
定めているかを確認する必要がある．研究者が順守すべき行動規範について
は，日本学術会議により策定された「科学者の行動規範」[10] がある．また，
同じく日本学術振興会では，公正な研究を行うことを目指した研究倫理の教
育教材として，「科学の健全な発展のために」[11] を公開している．ぜひ読
んでいただきたい．

　さらには，自身の研究成果が，想定している使用法とは異なる形で悪用さ
れないように，十分に気を配り，対策をとる必要がある．この観点では，ソ
フトウェア開発などの一見して倫理とは関係のなさそうな研究であっても，
ネットワーク犯罪などに利用されないかを十分に検討し，防止に努めてもら
いたい．

演習 5.10. あなたの研究テーマに基づいて実験や解析を進めたときに，そ
の過程で起こりそうな不正を挙げよ．

5.7　実験結果に基づく報告，原稿のまとめ方

5.7.1　実験結果をもとに報告書を書こう

　実験における計測を終え，データ解析を終えたら，報告や卒業論文あるい
はそれらに類するものを書くことになるであろう．その際に注意すべきこと
について触れておく．

　重要なことは，客観的であり，他人が読んだときにわかるような報告を書
くことである．無論，仮説などは本来自分自身の中から出てきたものである
から，主観を完全に除くことは容易ではないが，小説などではなく工学的な
報告なのだから可能な限り客観的に書く必要がある．他人が読んだときにわ
かるということは，報告なのだから当たり前なのだが，これは，読者がその

研究そして実験をやってみようと思ったときに同じように実施できるように
しておくことが必要である．そのため，試薬や使用した機材，さらにはある
アルゴリズムを走らせたときのコンピュータのスペックまでがその対象と
なる．

　場合によっては，報告のフォーマット，すなわち文字のフォントサイズや
種類，行間，余白，コンマとピリオドの使用，用紙サイズなどが決まってい
ることもある．大概の場合，そのフォーマットを用いて実際に原稿を書いた
場合の例，すなわちテンプレートファイルが用意されているであろう．こう
いったものが定まっている場合は，出来る限りそれに従う必要がある．これ
までこの章に従って実験デザインを学んできた皆さんならお分かりであろう
が，先行研究の調査において，多くの論文誌を読破してきたのではないであ
ろうか．そして，その中にある論文は，同じような見映えで美しく統一され
ていたであろう．もしそれぞれの論文がばらばらのフォーマットで執筆され
ていたらどうなるであろうか．もちろん，各誌の出版社がそういったことを
許すわけはないが，読者にとってもありがたいことではなく，当然読みにく
いものとなる．

　参考のために，よくある学会の予稿集のテンプレートの例を図5.8に示す．
これは，一般的な学会の予稿集に用いられるフォーマットを反映したテンプ
レートである．テンプレートを利用することで，どのような形で原稿を作成
したらよいかがわかりやすくなるが，この場合でもやはり間違いは起きる．
間違いの多い箇所としては，フォントの種類・サイズ，行間，参考文献の書
式などである．無駄な空行を入れることは原則として禁じられている．ま
た，予稿がグレースケールで印刷されることに備え，図5.6のようにグレー
スケールでも判別のつくグラフの作成をするよう注意してほしい．また，卒
業研究の予稿集でもこういったテンプレートが用いられることがあるため，
参考にしてもらいたい．卒業論文，修士論文などでは，1カラムのフォー
マットで，より長いページ数で書くことが多いように思う．その場合でも，
原稿作成で注意しなければならないことは似ている．良い研究・実験であっ
ても読者に伝わらなければ意味がないため，あなたと読者との接点である原
稿は非常に重要である．

2021 年度実験デザイン学会大会予稿集

タイトル
Title
著者名
Author Name

Abstract: This file is a template file of the conference of the experimental design. Xxxxxx xxxxxxxxx xxxxxxxxx xxxxxxxxx xxxxxxxxxxx xxxxxxxxxxxx xxxxxxxxxxx xx xxxx xxxxxxxxxx xxxxxxxxxxxx.
Keywords: Keyword1, Keyword2, Keyword3

1．はじめに

序論として，社会情勢や先行研究を述べ，この研究に関する背景を述べる．その後，この研究の目的を説明する．論文の章構成について説明する場合もある．必然的に，文献の引用が多くなる章である．

2．提案するアルゴリズム

提案手法，アルゴリズムについて説明する．ハードウェアである場合もある．さらに，基礎となる理論の説明，従来法との比較なども含まれる．数式，図の利用などにより，読者に提案内容が伝わるように心がけてもらいたい．

3．実験方法

実験の方法を説明する．どのような実験条件，材料，メディアコンテンツを用いるかだけでなく，被験者の人数及び特性についても説明する．読者が同じ実験を行おうと思った際に，それを再現できるように書くことが望ましい．

3.1　実験概要
全体像を説明する．

3.2　用いた機材
実験で用いる機材や刺激などを説明する．

3.3　計測対象
アンケートや生体信号など，計測対象を説明する．

4．実験結果

4.1　実験結果 1
実験結果を説明する．飽くまで得られたデータを説明することに専念し，そこから何が言えるかについては考察で述べること．実施した複数の実験ごとに節を分ける場合もある．利用する表や図は，必ず本文中で引用すること（表 1）．

4.2　実験結果 2
一般的に，表のキャプションは表の上に，図のキャプションは図の下に書くことが多い（図 1），海外の研究者にも研究内容が伝わるよう，キャプションを英語で書く場合もある．

表 1：刺激のパラメータ

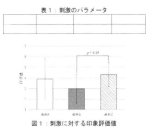

図 1：刺激に対する印象評価値

5．考察

得られた実験結果から何が言えるのかを，研究目的に沿った形で書く．目的に沿った実験が計画通りに行われたのであれば，実験結果の一つ一つ，あるいはそれらの組み合わせから，研究目的に寄与する何らかの考察をできるはずである．

6．結論

この研究のまとめを述べる．どのような目的で何を行ったのか，どうなったのか，何が言えたのかを簡潔に説明すること．

下に示す参考文献については，本文中の適切な箇所で引用する[1]．引用の方法は，フォーマットを確認すること[2]．姓名の順，巻・号・ページ数，年の表記などは間違いやすい箇所である．引用の際は，必要な情報と書式に注意すること．

参考文献

[1] 福本雅朗：インタフェースデバイスのつくりかた，共立出版株式会社，2016.
[2] M. Fukumoto and Y. Hanada: Investigation of the efficiency of continuous evaluation-based interactive evolutionary computation for composing melody. IEEJ Transactions on Electrical and Electronic Engineering, Vol. 15, No. 2, pp. 235-241, 2020.

図 5.8　原稿のテンプレートの例．学会発表を行う際の予稿をイメージして作成したが，卒業研究の予稿集などでも考え方は同じである．

上にテンプレートファイルのことを示したが，フォーマットを合わせ，多くの原稿の見た目を揃えるという意味では，やはり LaTeX は優れたツールである．HTML と同様に，テキストベースでタイプすることで，きれいに書式を揃えてくれる．実は，この教科書も LaTeX で書かれている．

書き方に関しては，学生向け，研究者向けに多くの良書がある．私の知る代表的な書籍 [12, 13] を記す．ぜひ多くの書籍を読み，良い原稿の書き方を身に付けてもらいたい．

5.7.2 原稿執筆の進め方

この節が，本章の中で後ろの方に配置されているように，「報告書は，実験と計測データの解析が終わってから執筆するもの」ということは，実験全体の処理の流れからいって自然なことであり，こういった意識は一般的なものであろう．しかし，実は実験前や実験中に書ける箇所もある．具体的には，背景，手法やシステムの説明，実験手法，参考文献などは，実験を行う前から書ける部分であり，とくに実験手法については積極的に書くべきである．なぜなら，実験を行う前から決まっている事項であるだけでなく，この箇所を事前に執筆することで，実験内容の不備に気づける可能性があるからである．例えば，設定されていない，あるいは議論されていないプログラムのパラメータ，特定の実験時間，被験者への教示の有無などがありうる．

話はそれるが，私自身の研究室で被験者を伴う聴取実験を行う場合などに，実験者である学生さんが，実験中に遊んでいるようなケースがある．実験準備などで疲れ，被験者の教示も大変なことはわかるが，時間の無駄であるとともに被験者に対して大変失礼な行為といえるであろう．

実験内容や計測データの種類にもよるであろうが，実験中にグラフを描くことを勧めている文献もある．実験の作法について論じられた書籍「実験の作法と安全」[14] では，実験中にグラフを描き，考察を加えながら実験を進めることで，実験を継続している最中に条件が変わっていたということに気づけることを指摘している．私の場合も新たなデータが得られるたびにグラフを更新しているが，実験を行う上でのモチベーションアップにつながっているのではないかと考えている（ダウンする場合もあるため，注意が必要である）．

なお，こういった原稿では，参考文献を含めることが一般的である．論文の執筆間際，あるいは最中に参考文献を探すようなこともあるが，できるだけ事前に済ませておこう．研究のテーマ決めや実験デザインを行っている際に，多くの先行研究を読み，それらの内容を確認してきたと思う．そういっ

たものをメモして整理しておくと，参考文献リストの作成に役立つ．

5.8 全体的な演習問題

　ここまで実験デザインについて学んできた皆さんは，実験における計画の必要性を理解できたであろう．良い研究テーマを持っていても，それをしっかりとした実験を通じて検証しなければ意味がなくなってしまうし，実験デザインを行う上では仮説を立て，それを証明する実験を組み，検定まで含めた先の処理まで見通しておく必要がある．

　とは言っても，やはり実際に何らかの研究テーマや仮説に沿って実験デザインを行ってみないことには，理解ができたことの実感は難しいであろう．既に何らかの研究テーマを持っている学生さんやチームは，実験デザインに早速取り組んでもらいたい．

　実験デザインそのものを勉強している皆さんには，いくつか例題を提示するので，それらをもとに実験デザインについて演習を行ってもらいたい．以下に，3つの演習問題を示す．それぞれの演習問題を研究テーマとみなし，

1. 仮説
2. 仮説の検証に必要な実験条件
3. 得られる変数とその性質
4. 仮説に沿ったデータとそのグラフ
5. 検定方法
6. その他，検討が必要な事項

を回答すること．

演習 5.11. 例題1「VRの効果」
　VRには，臨場感を高める効果の他に，VR酔いと呼ばれるネガティブな効果もあることが指摘されている．ここでは，VRのこういったユーザに与える効果について調査を行う．

　一般的なVRの利用において，VR酔いが発生することを調べるための実験デザインを行ってもらいたい．一般的な，というのは，ヘッドセットなど

を用いて立体的に見える視覚刺激を与える状況を指す.

演習 5.12. 例題2「押しやすいタッチパネルの開発と評価」

　スマートフォンやノートPCの利用において,いまやタッチパネルは欠かせない存在である.一本の指で押してタップする感圧式のものが,2021年時点では主流となっている.

　その一方で,指でアイコンやGUI部品をタップした際に,対象物が指によって隠されてしまうという問題もある.例えば,片手で持てるサイズのデバイスで,メールなどの文章作成を行おうとすると,フリック機能を使おうとも,指によって対象のキーが見えないことにより打ち間違えてしまうことは,非常に一般的なミスと言えるのではなかろうか.

　そこで,ここでは指によって隠れないような複数の方法を考える.できれば,まずは皆さん自身で考えていただきたい.思いつかない場合,指先から爪の長さほどの矢印が出てその先端でタップできる方法,スマートフォンの背面から触れるとタップできる方法の2種類があると想定していただきたい.

　もとのタップも合わせ,3種類の方法があることになる.これらの方法について,(1) タップの方法の違いによる使いやすさへの影響はあるのか,(2) どの方法が使いやすいのか,を調べるための実験デザインを行ってもらいたい.

演習 5.13. 例題3「歌いやすいカラオケシステム」

　皆さんは,歌を歌うことはお好きであろうか.お好きな方は,友人,研究室や職場の仲間とカラオケに行った経験があるであろう.そして,一度や二度は自分や一緒にいたメンバーがうまく歌えない,という経験があるからではなかろうか.ある程度歌えるつもりで歌い始めてもうまくいかないのだから,あまり知らない曲ならなおさらのことであろう.

　そこで,カラオケシステムのインタフェースや情報提示方法に着眼し,間違えずに上手に歌えるような手法を提案する.まず,視覚的な要素として,歌詞やメロディラインの表示の工夫を1点についてのみ行う.例えば,メロディラインの提示に楽譜を用いる,歌詞の提示に文字の横方向の伸び縮みを取り入れることで歌うタイミングを教える,などの工夫である.さらに,聴

覚的な要素として，メロディラインをこっそり教えてくれる工夫を行う．例えば，イヤフォンなどでメロディラインのみを聴ける，などが考えられる．具体的な工夫を，皆さん自身で考えてみるのも面白いであろう．

　どのような方法を用いると，歌いやすくなるであろうか．これを調べる実験デザインをしてもらいたい．視覚的な要素と聴覚的な要素があるため，組み合わせた設計が必要となる．

参考文献

[1] CiNii, https://ci.nii.ac.jp/

[2] J-Stage, https://www.jstage.jst.go.jp/browse/-char/ja

[3] 宮田 洋（監修）．藤澤 清（編集），柿木 昇治（編集），山崎 勝男（編集）：『新生理心理学 1 巻－生理心理学の基礎－』，北大路書房

[4] 大須賀 美恵子：生理実験における基本的要件，ヒューマンインタフェース学会誌，Vol. 7, No. 1, pp. 41–46, 2005

[5] 市原 清志：『バイオサイエンスの統計学』，南江堂

[6] 石井 進：『生物統計学入門－具体例による解説と演習－』，培風館

[7] 難波 精一郎，桑野 園子：『音の評価のための心理学的測定法』，コロナ社

[8] 永田 靖，吉田道弘：『統計的多重比較法の基礎』，サイエンティスト社

[9] M. Fukumoto: Investigation of Main Effect of Scent in Cross-modal Association between Music and Scent, International Journal of Affective Engineering, Vol. 19, No. 4, pp. 259–264, 2020

[10] 科学者の行動規範－改訂版－，http://www.scj.go.jp/ja/scj/kihan/

[11] 科学の健全な発展のために－誠実な科学者の心得－，
https://www.jsps.go.jp/j-kousei/rinri.html

[12] 酒井 聡樹：『これから論文を書く若者のために 究極の大改訂版』，共立出版

[13] 中島 利勝，塚本 真也：『知的な科学・技術文章の書き方－実験リポート作成から学術論文構築まで－』，コロナ社

[14] 中井 浩二：『実験の作法と安全』，吉岡書店

索　引

■数字

0++　10

∩　6

∪　5

∅　3

⟺　13

∈　2

∧　12

¬　12

∨　12

∉　2

⊄　4

⊕　13

\　7

⊂　5

⊆　4

×　10

2^A　9

■英字

A^c　8

BNF 記法　143

$d_G(v)$　26

DFA　112

LIFO　131

N　2

NFA　116

O 記法　72, 75

p 値　58

PDA　123

pd-stack　124

Q　2

R　2

SD 法　163

t 検定　60

t 分布　49

TM　132

Z　2

■和文

【ア】

アサーション　68

後入れ先出し (LIFO)　81

アルゴリズム　66

アルファベット　110

【イ】

1 対 1 写像　16

1 対 1 対応　16

【ウ】

Wilcoxon 符号順位検定　175

上への写像　15

ウェルチの方法　62

ウォーク　27

【オ】

オイラーグラフ　31
オーダー　72
オートマトン　107
オープンアドレス法　89
折れ線グラフ　42

【カ】

階級　36
階級値　36
開始記号　143
確率　44
確率分布　44
確率変数　44
確率密度分布関数　45
仮説　159
仮説検定　56
片側検定　59, 172
含意　12
間隔尺度　35
完全グラフ　31
完全正当性　68
完全2部グラフ　31

【キ】

木　31
危険率　58
記号　110
記述統計　33
期待される計算時間　73
期待値　46
帰無仮説　57
逆写像　16
キュー　81, 82
距離　28

【ク】

クイックソート (quick sort)　75,
　　　　98
空語　110, 117
空集合　3
空動作　117
空白記号　134
区間推定　54
句構造文法 (PSG)　149
組　10
グライバッハ標準形　147
クリーネ閉包　110
繰り返し　69

【ケ】

計算量　72
形式言語　110
形式文法　141, 142
決定性プッシュダウンオートマトン
　　　　(DPDA)　124
決定性有限オートマトン　112
言語　110
厳密性　67

【コ】

語　110
合成関係　17
合成写像　15
構造化プログラミング　69
恒等写像　15
構文　141
構文木　142

【サ】

最悪計算時間　73
再帰的アルゴリズム　92
再帰的定義　20

サイクル　28

最頻値　38

最短 (u, v) パス　28

先入れ先出し (FIFO)　82

作業用テープ　132

差集合　7

散布度　38

【シ】

時間計算量　71

試行　44

事象　44

次数　26

質的データ　35

四分位範囲　39

四分位偏差　38

尺度水準　33, 170

写像　14

集合　1

集合族　9

従属変数　161

終端記号　143

述語　12

出力　107

受理　113

受理状態　108, 112, 124, 134

順序効果　166

順序尺度　34

順序対　10

条件付き命題　12

条件分岐　69

状態　112, 124, 134

状態推移関数　112, 116, 124, 134

状態推移図　108, 115

状態制御部　113

初期状態　112, 124, 134

真部分集合　5

信頼水準　54

信頼度　54

真理値　12

【ス】

数学的帰納法　19

スタック　81

スタック記号　124

Spearman の順位相関係数　40

【セ】

正規言語 (RL)　143

正規表現　111

正規分布　48

正規文法 (RG)　143

正クリーネ閉包　110

生成規則　143

正則グラフ　31

正当性　68

正の相関　39

積集合　6

接続　25

接続行列　29

漸近的上界　72

線形探索 (Linear search)　84

線形リスト (linear list)　78

先行研究の調査　159

全事象　44

全射　15

全数調査　50

全体集合　7

【ソ】

像　15

挿入ソート　97

ソートアルゴリズム　96

【タ】

第一種の誤り 59
対照条件 161
第二種の誤り 59
代表値 37
対立仮説 57
互いに素である 6
多次元配列 77
多重比較 176
単射 16
探索 83
単純グラフ 23
端点 25

【チ】

値域 14
チェイン法 89
逐次実行 69
中央値 37
中心極限定理 52
チューリング機械 132
頂点 23, 108
直積 10
直和 10
チョムスキーの言語階層 150
チョムスキー標準形 145

【テ】

定義域 14
停止性 68
データ構造 76
テープ記号 134
点推定 52

【ト】

同型 24, 26
同型写像 26

導出 143
統制 161
同値 13
同値関係 18
同値類 18
独立変数 161
度数 36
度数分布表 36
ド・モルガンの法則 8
トレイル 28

【ナ】

内部状態 107, 108
長さ 110
流れ図 71

【ニ】

二項関係 16
二項分布 47
2部グラフ 31
2分探索 75, 86
入力 107
入力記号 112, 124, 134
入力テープ 113

【ノ】

ノード 78
ノンパラメトリック検定 171

【ハ】

排他的論理和 13
配列 76
箱髭図 42
パス 28
ハッシュ法 88
パラメトリック検定 176
番兵法 85

【ヒ】

Pearson の相関係数　39

非決定性チューリングマシン
　　　　　　(NTM)　137

非決定性プッシュダウンオートマト
　　　ン (NPDA)　124, 128

非決定性有限オートマトン　115

非終端記号　142

ヒストグラム　42

否定　12

標準偏差　38

標本　50

標本調査　50

標本標準偏差　54

標本不偏分散　53

標本分散　52

標本分布　51

比率尺度　35

非連結　28

非連結グラフ　24

【フ】

フィボナッチ数列　21

符号検定　171

不正のトライアングル　180

プッシュダウンオートマトン　123

プッシュダウンスタック　123

部分グラフ　27

部分集合　4

部分正当性　68

不偏推定量　52

フローチャート　71

分割統治アルゴリズム　75

分散　38, 46

分布関数　45

文脈依存文法 (CSG)　149

文脈自由言語 (CFL)　145

文脈自由文法 (CFG)　145

【ヘ】

平均値　37

平均の差　60

閉路　28

べき集合　9

辺　23, 108

【ホ】

ポアソン分布　47

補集合　8

母集団　50

母集団分布　51

ボトムマーカー　124

母分散　51

母平均　51

ボンフェローニ法　177

【ム】

無作為　50

【メ】

名義尺度　33

【ユ】

有意水準　58

ユークリッド互除法　94

有向グラフ　23, 108

【ヨ】

様相　114

要素数　3

【ラ】

ラプラスの定理　47

ラベル　34

【リ】

リスト　77
リスト構造　80
両側検定　59, 172
量的データ　35
隣接　25
隣接行列　29
倫理規定　183

【レ】

連結　28
連結グラフ　24
連結成分　24, 29
連接　111

【ロ】

路　28
論理式　13
論理積　12
論理和　12

【ワ】

和集合　5

【著者紹介】（五十音順）

須藤秀紹（すとう ひでつぐ）
2004 年　京都大学 大学院情報学研究科 システム科学専攻 博士後期課程修了
現　　在　室蘭工業大学 大学院しくみ解明系領域・教授，博士（情報学）
専　　門　情報学

髙岡　旭（たかおか あさひ）
2015 年　東京工業大学 大学院理工学研究科 集積システム専攻 博士後期課程
　　　　　修了
現　　在　室蘭工業大学 大学院しくみ解明系領域・助教，博士（工学）
専　　門　情報学基礎理論

半田久志（はんだ ひさし）
1998 年　京都大学 大学院工学研究科 精密工学専攻 博士後期課程
現　　在　近畿大学 理工学部 情報学科・教授，博士（情報学）
専　　門　情報計算知能

福本　誠（ふくもと まこと）
2004 年　室蘭工業大学 大学院工学研究科 生産情報システム工学専攻 修了
現　　在　福岡工業大学 情報工学部 情報工学科・教授，博士（工学）
専　　門　情報工学，感性工学

渡邉真也（わたなべ しんや）
2003 年　同志社大学 大学院工学研究科 知識工学専攻 博士後期課程
現　　在　室蘭工業大学 大学院しくみ解明系領域・准教授，博士（工学）
専　　門　情報工学

数理情報学入門

―基礎知識からレポート作成まで―

Introductory Textbook on
Mathematical Informatics

2021 年 3 月 25 日　初版 1 刷発行

著　者　須藤秀紹・髙岡　旭
　　　　半田久志・福本　誠　　©2021
　　　　渡邉真也

発行者　南條光章

発行所　**共立出版株式会社**

郵便番号 112-0006
東京都文京区小日向 4 丁目 6 番 19 号
電話 (03) 3947-2511 （代表）
振替口座 00110-2-57035 番
www.kyoritsu-pub.co.jp

印　刷　啓文堂
製　本　ブロケード

検印廃止
NDC 007.4

ISBN 978-4-320-12470-7

一般社団法人
自然科学書協会
会員

Printed in Japan